丛书主编 柯 洪

全国一级造价工程师职业资格考试考前冲关九套题

建设工程造价案例分析

（土木建筑工程、安装工程）

天津理工大学造价工程师培训中心

吴 静 王 英 陈江潮 陈丽萍 主编

U0285633

中国建筑工业出版社

中国城市出版社

图书在版编目（CIP）数据

建设工程造价案例分析. 土木建筑工程、安装工程/
天津理工大学造价工程师培训中心等主编. —北京：中
国城市出版社，2020.5（2021.8重印）
全国一级造价工程师职业资格考试考前冲关九套题
ISBN 978-7-5074-3275-6

Ⅰ.①建… Ⅱ.①天… Ⅲ.①土木工程–建筑造价管
理–案例–资格考试–习题集②建筑安装–建筑造价管理
–案例–资格考试–习题集 Ⅳ.①TU723.31-44

中国版本图书馆 CIP 数据核字（2020）第 055435 号

根据20余年造价工程师职业资格考试培训经验，结合考生在复习备考时遇到的各类困境和疑惑，编委会精心策划编写了本套试卷，目的是通过仿真模拟训练的方式增强考生对知识点的掌握程度，熟悉常见题型。与其他的模拟试卷相比，本套试卷独具以下特点：

1. 循序渐进，循环提高。本套试卷主要针对参加土建和安装专业的考生，四门专业课程都准备了九套仿真试题（除"案例分析"课程为七套外），并创新性地将其分为逆袭卷（五套）、黑白卷（三套）和定心卷（一套）。

2. 关注新增及修订的知识点。本套试卷对新增及修订知识点重点关注，反复用不同题型进行训练，提高考生掌握的熟练程度。

3. 配合解析，掌握易错考点。考生往往面临"知其然、不知其所以然"的困境。针对这一难题，本套试卷选择了部分考题进行详细解析，详尽深入阐述各易错考点。

责任编辑：朱晓瑜　王华月
责任校对：赵　颖

全国一级造价工程师职业资格考试考前冲关九套题

建设工程造价案例分析

（土木建筑工程、安装工程）

天津理工大学造价工程师培训中心

吴　静　王　英　陈江潮　陈丽萍　主编

*

中国建筑工业出版社、中国城市出版社出版、发行（北京海淀三里河路9号）

各地新华书店、建筑书店经销

北京鸿文瀚海文化传媒有限公司制版

北京圣夫亚美印刷有限公司印刷

*

开本：787×1092毫米　1/16　印张：15　字数：364千字

2020年6月第一版　2021年8月第二次印刷

定价：**56.00**元

ISBN 978-7-5074-3275-6

（904975）

前　言

一、2021 年一级造价师职业资格考试的特点分析

造价工程师职（执）业资格自从 1996 年建立以来，已历 20 余载，全国有近 20 万从业人员取得了相应专业的造价工程师职（执）业资格证书。2021 年是考试制度做出重大调整后的第三年，主要体现在以下几方面：

1. 2019 年是《造价工程师职业资格制度规定》和《造价工程师职业资格考试实施办法》（建人〔2018〕67）真正落地实施的第一年。国家组织一级造价工程师职业资格考试（分为四个专业），各地方组织二级造价工程师职业资格考试。从 2019 年的考试情况中可以发现一级与二级造价工程师在考核难度上还是有明显差异的。

2. 2021 年继续采用 2019 版《造价工程师职业资格考试大纲》，"建设工程造价管理""建设工程技术与计量""建设工程计价"课程满分为 100 分，考试时间为 150 分钟；"建设工程造价案例分析"课程满分为 120 分，考试时间为 240 分钟。

3. 2021 年造价工程师的教材进行了小幅修订，虽然修改的篇幅不多，但重点体现了工程造价的改革趋势和一系列重要的政策文件内容。考生对于各门课程中新修订的内容应加以关注。

二、考生在复习备考时遇到的困难

经过长期以来对考生复习状况的跟踪调研，以及与部分考生代表的当面沟通。大部分积极备考的考生普遍反映教材的内容并不难理解和掌握，但在考试时还是会不断出现判断、选择或计算错误。造成这些应考困境的主要原因是：

1. 造价工程师职业资格考试的教材内容就专业知识的层面来说并不很深，大多是从事专业领域工作应具备的基础知识。很多考生学习起来并不是很吃力，但经常出现顾此失彼的现象。因为同时进行四门课程的备考，不免在时间和精力分配上力不从心。并且各门课程的内容容易相互干扰，每一个知识点内容都不难掌握，但把四门课的知识点都集中在一起不免有顾此失彼之感。

2. 经过 20 多年的发展，造价工程师职业资格考试已经形成了比较稳定的模式。也就是不仅仅要求考生能够学会教材中的各个知识点，还必须能够牢固掌握并灵活运用。造价工程师职业资格考试的题目有时可能在一个相对简

单的知识点上设计一些难度较大的题目，考生如不能掌握考试规律，很难得到理想的分数。

3. 考生备考时有时会有无从下手之感。面对厚厚的几百页教材，考生往往会抓不住重点，不了解主要的考点，不了解主要的题型，不了解主要的考试方式。如果在复习备考中不辅助以大量的高质量习题训练，可能最终会有事倍功半的结果。

三、本书的主要特点

根据20余年造价工程师职业资格考试培训的经验，结合考生在复习备考时遇到的各类困境和疑惑。编委会精心策划编写了本书，目的是通过真题模拟训练的方式增强考生对知识点的掌握程度，熟悉常见题型。与其他的模拟试卷相比，本书独具以下特点：

1. 循序渐进，循环提高。本书主要针对参加土建和安装专业的考生，四门专业课程都准备了九套真题，并创新性地将其分为逆袭卷（五套）、黑白卷（三套）和定心卷（一套）。逆袭卷用于考前45~60天的阶段，主要特点是覆盖面广，对所有知识点和考点全面覆盖，以帮助考生深入掌握教材内容；黑白卷用于考前30天的阶段，主要特点是真题集中于教材的重点、难点及高频考点，以帮助考生最快速度最大程度掌握考试中分值占比最大的知识点；定心卷用于考前7~15天的阶段，主要特点是全真模拟考题难度，考生可以更加真实测定出对知识的掌握程度。

2. 关注新增及修订的知识点。每次教材改版时，新增及新修订的考点通常都会作为重点考核的内容。本书的各套真题针对这些知识点亦重点关注，反复用不同题型进行训练，提高考生掌握的熟练程度。

3. 配合解析，掌握易错考点。考生往往面临"知其然、不知其所以然"的困境。针对这一难题，本书选择了部分真题进行详细解析，详尽深入阐述各易错考点。考生可举一反三，避免在考试中被类似题型迷惑，可以取得更好的成绩。

相信通过对本书的学习，考生可以大幅度提高对各知识点的掌握程度，取得理想的考试结果。由于编者水平有限，本书中难免会有疏漏，还望各位考生原谅并提出宝贵意见。

杨洁

2021年8月

目　录

逆袭卷

黑白卷

定心卷

专家权威详解

逆袭卷

模拟题一

试题一：

某城市拟建设养老社区项目，与项目相关信息如下：

1. 项目工程费用中，建筑工程费 3500 万元，设备全部为进口，设备货价（离岸价）为 230 万美元（1 美元＝6.8 元人民币），国际运费率为 7%，运输保险费率费 3.6‰，银行财务费率为 4.5‰，其余为其他从属费用和国内运杂费合计 6 万元。安装工程费 450 万元。

2. 项目建设期 2 年。工程建设其他费用 50 万元。基本预备费率为 10%，不考虑价差预备费。

3. 根据项目的设计方案及投资估算，假设建设投资 6000 万元，预计全部形成固定资产，固定资产采用直线法折旧。

4. 本项目由 A、B 两家公司合作建设，其中，A 公司出资 60%，有 20% 为自有资金，80% 为贷款；B 公司出资 40%，全部为自有资金。贷款年利率 5%（按年计息），贷款合同约定的还款方式为项目投入使用后 10 年内等额还本，利息照付。项目资本金和贷款均在建设期内均衡投入。

5. 项目公司适用的企业所得税税率为 25%，为简化计算不考虑营业环节相关税费。项目投入使用后连续 20 年内，B 公司不收取任何的投资回报，项目营业 20 年后，A 公司将该项目无偿移交给 B 公司。

6. 该项目投入使用后，前 10 年年均支出费用 2500 万元，后 10 年年均支出费用 4000 万元，用于项目公司经营、项目维护和修理。养老院的收入归 A 公司所有，预计收入每年为 800 万元。

7. 流动资金 300 万元由项目自有资金在运营期第 1 年投入（流动资金不用于项目建设期贷款的偿还）。

问题：

1. 列式计算项目建设投资。
2. 假设建设投资 6000 万元，列式计算建设期贷款利息。
3. 列式计算年固定资产折旧、项目投入使用第 1 年 A 公司应偿还银行的本金和利息。
4. 列式计算项目投入使用第 1 年的总成本费用和所得税。
5. 假设项目的投资额、每个床位价格和年经营成本在初始值的基础上分别变动±10% 时对应的财务净现值的计算结果见题 1-1 表。根据该表的数据列式计算各因素的敏感系数，并对 3 个因素的敏感性进行排序。根据表中的数据绘制单因素敏感性分析图，列式计

算并在图中标出单位产品价格的临界点。（计算结果均保留两位小数）

题1-1表　　　　　　　　　单因素变动情况下的财务净现值表　　　　　　　单位：万元

变化幅度 因素	−10%	0	+10%
投资额	271.51	141.75	12.01
每个床位价格	−104.26	141.75	387.76
年经营成本	237.80	141.75	45.69

试题二：

某工程，业主采用公开招标方式选择施工单位，委托具有工程造价咨询资质的机构编制了该项目的招标文件和最高投标限价（最高投标限价600万元，其中暂列金额为50万元）。该招标文件规定，评标采用经评审的最低投标价法。A、B、C、D、E、F、G共7家企业通过了资格预审（其中D企业为D、D1企业组成的联合体），且均在投标截至日前提交了投标文件。投标人A结合自身情况，经研究有高、中、低三个报价方案，根据过去类似工程的投标经验，相应的中标概率分别为0.3、0.6、0.9；投高标并中标后，效益可分为好、中、差三种可能，其概率分别为0.3、0.6、0.1，计入投标费用后的净损益值分别为40万元、35万元、30万元；投中标并中标后，效益同样可分为好、中、差三种可能，其概率分别为0.2、0.6、0.2，计入投标费用后的净损益值分别为35万元、30万元、25万元；投低标并中标后，效益可分为好、中、差三种可能，其概率分别为0.15、0.6、0.25，计入投标费用后的净损益值分别为30万元、25万元、20万元。编制投标文件以及参加投标的相关费用为3万元。经过评估，投标人A最终选择了投低标，投标价为500万元。

在该工程项目开标评标合同签订与执行过程中发生了以下事件：

事件1：B企业的投标报价为560万元，其中暂列金额为60万元；

事件2：C企业的投标报价为550万元，其中对招标工程量清单中的"照明开关"项目未填报单价和合价；

事件3：D企业的投标报价为530万元，为增加竞争实力，投标时联合体成员变更为D、D1、D2企业组成；

事件4：评标委员会按招标文件评标办法对投标企业的投标文件进行了价格评审，A企业经评审的投标价最低，最终被推荐为中标单位。合同签订前，业主与A企业进行了合同谈判，要求在合同中增加一项原招标文件中未包括的零星工程，合同额相应增加15万元；

事件5：A企业与业主签订合同后，又在外地中标了大型工程项目，遂选择将本项目全部工作转让给了B企业，B企业又将其中三分之一工程量分包给了C企业。

问题:

1. 绘制 A 企业投标决策树,列式计算并说明 A 企业选择投低标是否合理?

2. 根据现行《招投投标法》《招标投标法实施条例》和《建设工程工程量清单计价规范》,逐一分析事件 1~3 中各企业的投标文件是否有效,分别说明理由。

3. 事件 4,业主的做法是否妥当?如果与 A 企业签订施工合同,合同价应为多少?请分别判断,说明理由。

4. 分别说明事件 5 中 A、B 企业的做法是否正确。

(计算结果保留两位小数)

试题三:

某工程,建设单位通过招标与甲施工单位签订了土建工程施工合同,包括 A~I 共 9 项工作,合同工期 200 天;与乙施工单位签订了设备安装施工合同,包括 P、Q 共 2 项工作,合同工期 70 天。

经甲乙双方协调,管费按人材机费用之和的 10% 计取,利润按人材机费用和管理费之和的 6% 计取,规费按人材机费用、管理费和利润之和的 4% 计取,增值税率为 9%,施工机械台班单价为 1500 元/台班,施工机械闲置补偿按施工机械台班单价的 60% 计取,人员窝工补偿为 50 元/工日,人工窝工补偿、施工待用材料损失补偿、机械闲置补偿不计取管理费和利润,措施费按分部分项工程费的 25% 计取。经项目监理机构批准的施工进度计划如题 3-1 图所示。

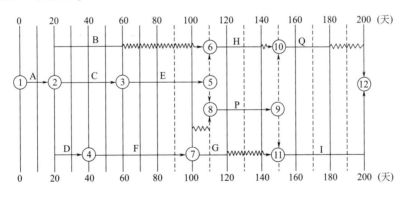

题 3-1 图 施工进度计划

工程施工过程中发生如下事件:

事件 1:工作 B、C 和 H 均需使用土方施工机械,由于机械调配原因,施工单位仅安排一台土方施工机械进行工作 B、C 和 H 的施工作业。

事件 2:基坑开挖工作(A 工作)施工过程中,遇到了持续 10 天的季节性大雨,在第 11 天,大雨引发了附近的山体滑坡和泥石流。受此影响,施工现场的施工机械、施工材料、已开挖的基坑及施工单位周转材料、施工办公设施等受损,部分施工人员受伤。

经施工单位和项目监理机构共同核实，该事件中，季节性大雨造成施工单位人员窝工180工日，机械闲置60个台班。山体滑坡和泥石流事件使A工作停工30天，造成施工机械损失8万元，施工待用材料损失24万元，施工单位周转材料损失30万元，施工办公设施损失3万元，施工人员受伤损失2万元。修复工作发生分部分项和措施项目人材机费用共21万元。灾后，施工单位及时向项目监理机构提出费用索赔和工期延期40天的要求。

事件3：甲施工单位施工的设备基础（工作F）验收时，项目监理机构发现设备基础预埋件位置与运抵施工现场待安装的设备尺寸不一致。经查，是设计单位原因所致。设计单位修改了设备基础设计图纸并按程序进行了审批与会签，甲施工单位按照变更后的设计图纸进行了返工处理，由此造成甲施工单位人员窝工150工日，机械闲置20个台班（台班单价为1500元/台班），修改后的基础分部分项工程增加人材机费用25万元，处理该变更用时20天。

事件4：受到事件3的影响，乙施工单位20名工人窝工200工日，索赔工期20天。

事件5：施工到190天时甲方要求变更，甲乙双方会签变更单内容如题3-1表。

题3-1表

工程名称	××土建工程	建设单位	××机场有限公司
签证项目	土石方工程	监理单位	××监理有限责任公司
签证部位	基坑底部	施工单位	××建筑安装工程公司

现场签证原因及主要内容（附工程联络单）：
基坑开挖至设计基底标高（-5m）后，由建设单位、勘察设计单位、监理单位、施工单位共同进行验槽，在基底-5m以下局部，发现有地质勘察资料中没有载明的建筑垃圾，根据编号007的设计变更通知单，应将建筑垃圾清除，用其他部位的原挖方土料回填。
具体工程量如下：
1.建筑垃圾（Ⅲ类土）挖掘与运输1500m³；
2.回填土1500m³；
3.建筑垃圾排放量1500m³。

签证意见	建设单位	监理单位	施工单位
	业主代表：	专业监理工程师： 总监理工程师：	专业工程师： 项目经理：
	2019年7月4日	2019年7月4日	2019年7月4日

（以上各费用项目价格均不包含增值税可抵扣进项税额）

问题：

1.事件1中，在不改变施工总工期和各项工作工艺关系的前提下，甲施工单位应如何安排B、C和H三项工作的施工顺序？为完成B、C和H三项工作，土方施工机械在施工现场的最少闲置时间是多少天？

2. 事件 2 中，确定施工单位和建设单位在山体滑坡和泥石流事件中各自应承担损失的内容；列式计算施工单位可以获得的补偿数额；确定建设单位应批准的工期延期天数，并说明理由。

3. 事件 3 中，甲施工单位提出的费用索赔和工期索赔是多少？

4. 事件 4 中，项目监理机构是否应批准乙施工单位提出的费用补偿和工程延期要求？分别说明理由。

5. 事件 5 中，请指出现场签证单中的不妥之处，并说明理由。（计算结果以万元为单位，保留两位小数）

试题四：

某工程，签约合同价为 30850 万元，合同工期为 30 个月，预付款为签约合同价的20%，从开工后第 5 个月开始分 10 个月等额扣回。工程质量保证金为签约合同价的 3%，开工后每月按进度款的 10% 扣留，扣留至足额为止。施工合同约定，工程进度款按月结算。1 月到第 15 月施工土建工程部分，因清单工程量偏差和工程设计变更等导致的实际工程量偏差超过 15% 时，可以调整综合单价，实际工程量增加 15% 以上时，超出部分的工程量综合单价调值系数为 0.9；实际工程量减少 15% 以上时，减少后剩余部分的工程量综合单价调值系数为 1.1。第 16 月开始装饰工程，当装饰工程变更导致实际完成的变更工程量与已标价工程量清单中列明的该项目工程量的变化幅度超过 15% 且投标报价清单综合单价与招标控制价偏差超过 15% 时，应结合承包人报价浮动率确定是否调价。

按照项目监理机构批准的施工组织设计，施工单位计划完成的工程价款见题 4-1 表。

题 4-1 表　　　　　　　　　计划完成工程价款表

时间（月）	1	2	3	4	5	6	7	…	15	…
工程价款（万元）	700	1050	1200	1450	1700	1700	1900	…	2100	…

工程实施过程中发生如下事件：

事件 1：由于设计差错修改图纸使局部工程量发生变化，由原招标工程量清单中的 $1320m^3$ 变更为 $1670m^3$，相应投标综合单价为 378 元/m^3。施工单位按批准后的修改图纸在工程开工后第 5 个月完成工程施工，并向项目监理机构提出了增加合同价款的申请。

事件 2：原工程量清单中暂估价为 300 万元的专业工程，建设单位组织招标后，由原施工单位以 357 万元的价格中标，招标采购费用共花费 3 万元。施工单位在工程开工后第 7 个月完成该专业工程施工，并要求建设单位对该暂估价专业工程增加合同价款 60 万元。

事件 3：在第 16 个月施工中由于设计变更，导致某装饰分部分项工程的工程量由原清单量 $1824m^2$ 变更为 $1520m^2$，已知施工单位该清单投标报价的综合单价为 45 元/m^2，招标控制价中对应项目的综合单价为 60 元/m^2。

（以上各费用项目价格均不包含增值税可抵扣进项税额。）

问题：

1. 计算该工程质量保证金和第 7 个月应扣留的预付款各为多少万元？工程质量保证金

扣留至足额时预计应完成的工程价款及相应月份是多少？该月预计应扣留的工程质量保证金是多少万元？

2. 事件1中，综合单价是否应调整？说明理由。项目监理机构应批准的合同价款增加额是多少万元？

3. 针对事件2，计算暂估价工程应增加的合同价款，说明理由。

4. 项目监理机构在第3、5、7个月和第15个月签发的工程款支付证书中实际应支付的工程进度款各为多少万元？

5. 事件3中，若承包人的报价浮动率 $L=6\%$，该装饰专业分部分项工程的综合单价是否可以调整，说明理由（计算结果以万元为单位，保留两位小数）。

试题五：

本试题共分三个专业（Ⅰ土木建筑工程、Ⅱ管道和设备工程、Ⅲ电气和自动化控制工程），任选其中一题作答。

Ⅰ．土木建筑工程

某工程为砖混结构，地下0层，地上2层，外墙为300mm厚砌体，矩形柱260mm×260mm，基础平面图如题5-1-1图所示，墙下现浇钢筋混凝土条形基础，柱下独立基础，基础的剖面图尺寸如题5-1-2图所示，基础底标高（垫层顶标高）为−2.2m。基础垫层混凝土强度等级为C15，基础混凝土强度等级为C20，均按外购商品混凝土考虑。

说明：计算结果保留小数点后两位。

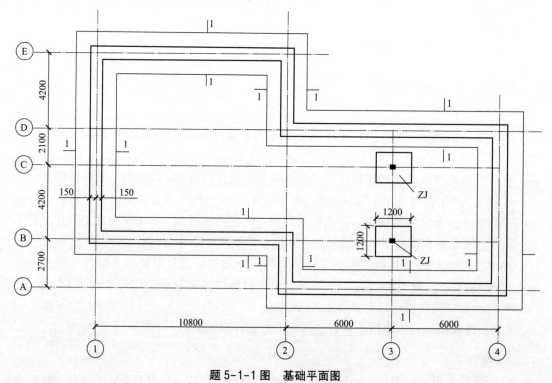

题 5-1-1 图　基础平面图

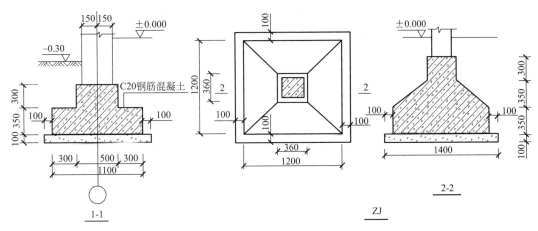

题 5-1-2 图　基础剖面图

1. 依据《房屋建筑与装饰工程工程量计算规范》GB 50854，计算该工程的挖沟槽土方、挖基坑土方、现浇混凝土条形基础、现浇混凝土独立基础、混凝土基础垫层、基础土方回填的工程量，将计算过程及结果填写入题 5-1-1 表中。

棱台体体积公式为 $V = 1/3 \times h \times (a^2 + b^2 + a \times b)$

或 $V = 1/6 \times h \times [a \times b + A \times B + (a + A) \times (b + B)]$

题 5-1-1 表　　　　　　　分部分项工程清单工程量计算表

序号	分项工程名称	计量单位	工程数量	计算过程
1	挖沟槽土方			
2	挖基坑土方			
3	混凝土条形基础			
4	混凝土独立基础			
5	混凝土基础垫层			
6	基础回填			

2. 依据《房屋建筑与装饰工程工程量计算规范》GB 50854，计算独立基础的模板工程量（坡面不计算模板工程量），将计算过程及计算结果填入题 5-1-2 表。

题 5-1-2 表　　　　　　　　　　模板清单工程量计算表

序号	模板名称	计量单位	工程数量	计算过程
1	独立基础组合钢模板			

3. 某施工单位承担该工程土建部分的施工，拟定的基础挖土技术方案为矩形大开挖方式，即按最外边线墙下垫层尺寸另加工作面宽度 300mm 开挖，放坡系数取 0.33，放坡至垫层底，计算该施工单位挖一般土方的方案工程量，将计算结果填入题 5-1-3 表中。

基坑放坡体积公式为 $V = (a+2c+KH) \times (b+2c+KH) \times H + 1/3 \times K^2 \times H^3$。

题 5-1-3 表　　　　　　　　　　方案工程量计算表

序号	项目名称	计量单位	工程数量	计算过程
1	挖一般土方	m^3		

4. 假定该工程混凝土基础垫层清单量为 $10m^3$，垫层采用木模板，已知模板工程量为 $15.52m^2$，垫层混凝土方案量同清单量，混凝土垫层施工定额及模板措施费用详见题 5-1-4 表、题 5-1-5 表；管理费费率 12%，以人工费、材料费和机械使用费之和为基数；利润率 6%，以人工费、材料费、机械使用费、管理费之和为基数。试计算该垫层的清单综合单价（含模板工程），并将计算过程及结果填入题 5-1-6 表、题 5-1-7 表。

题 5-1-4 表　　　　混凝土垫层施工定额表（/$10m^3$）（价格不含税）

项目			混凝土垫层
名称	单位	单价（元）	消耗量
综合人工	工日	96	13.07
预拌混凝土	m^3	345	10.10
水	m^3	7.85	10.52
草袋片	m^2	3.95	33.03
电动夯实机	台班	30.67	0.52
小型机具	元		3.27

题 5-1-5 表　　　　混凝土垫层模板项目单价表（/m^2）（价格不含税）

序号	项目名称	计量单位	费用组成（元）			
			人工费	材料费	机械使用费	预算单价
1	垫层木模板	m^2	3.58	21.64	0.46	25.68

题 5-1-6 表　　　　　　　　　　综合单价计算过程

题 5-1-7 表　　　　　　　　　分部分项工程清单与计价表

序号	项目编码	项目名称	项目特征描述	单位	工程量	金额（元）	
						综合单价	合价
1	010501001001	混凝土垫层	1. 商品混凝土 2. C15 3. 木模板				

5. 某施工单位拟投标该项目的土建工程，经造价工程师测算该项目分部分项工程费用为 858000 元，措施项目费用为 171600 元，暂列金额 6 万元，专业工程暂估价 3 万元，总包服务费按专业工程暂估价的 3% 计，计日工 60 工日（工日综合单价按 180 元计），规费费率与税金税率分别按 7%、9% 计取，补充完成单位工程投标报价汇总题 5-1-8 表。（该表直接填写计算结果）

题 5-1-8 表　　　　　　　　　单位工程投标报价汇总表

序号	项目名称	金额（元）
1	分部分项工程量清单合计	
2	措施项目清单合计	
3	其他项目清单合计	
3.1	暂列金额	
3.2	材料暂估价	
3.3	专业工程暂估价	
3.4	计日工	
3.5	总包服务费	
4	规费	
5	税金	
	合　　计	

Ⅱ. 管道和设备工程

管道工程有关背景资料如下：

1. 某办公楼卫生间给水排水施工图如题 5-2-1 图~题 5-2-3 图所示。

2. 给水排水管道系统及卫生器具相关分部分项工程量清单项目的统一编码见题 5-2-1 表。

3. 该工程室内给水管道 DN32 安装定额的相关数据资料见题 5-2-2 表。

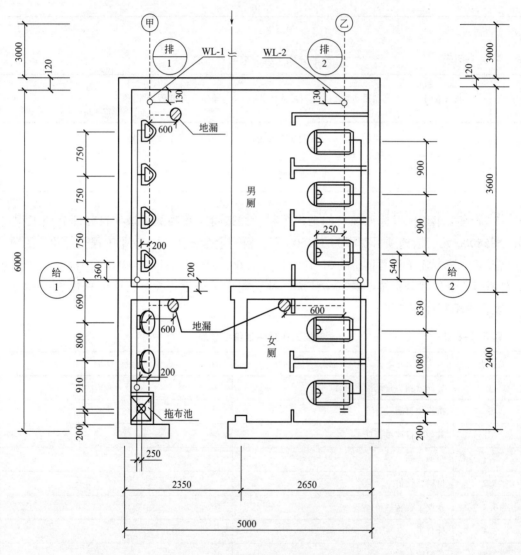

题 5-2-1 图　办公楼卫生间 1~4 层给水排水平面图

说明：

（1）图示为某办公楼卫生间，共 4 层，层高为 3m，图中平面尺寸以"mm"计，标高均以"m"计。墙体厚度为 240mm。

（2）给水管道均为镀锌钢管，螺纹连接。给水管道与墙体的中心距离为 200mm。

（3）卫生器具全部为明装，安装要求均符合《全国统一安装工程预算定额》所指定标准图的要求，给水管道工程量计算至与大便器、小便器、洗面盆支管连接处止。其安装方式为：蹲式大便器为手压阀冲洗；挂式小便器为延时自闭式冲洗阀；洗脸盆为普通冷水嘴；成品拖布池为落地式安装，普通水龙头。

（4）排水管道出户管采用 $DN100$ 铸铁管，承插式连接，排出管埋深-2.4m，排水管道出户的第一个排水检查井距建筑外墙3m；除排出管外，其余排水管均为UPVC塑料管，粘结。其中，WL-1与WL-2的排水立管均采用 $De110$ 的UPVC塑料管，排水管道中心距墙的安装距离为130mm；各层排水横管由标高 $H-0.55m$ 处引至各层卫生间内卫生器具，排水横管安装长度距卫生间墙体为0.2m；大便器与排水横管的连接管长度为0.25m，地漏与排水横管的连接管长度为0.6m，小便器、洗脸盆、拖布池排水口与排水横管的连接管长度为0.2m。$De50$ 排水地漏带水封，$De110$ 地面扫出口与地面平齐，立管检查口设在各层排水立管上距地面0.5m处，伸顶通气管高出屋面0.7m，屋面处的标高为12m。

（5）给水排水管道穿外墙均采用防水钢套管，给水管道穿内墙及楼板均采用普通钢套管。套管比管子均大两号。

（6）给水管道安装完毕应做水压试验及消毒冲洗。排水管道安装完毕应做闭水试验，干管做通球试验。

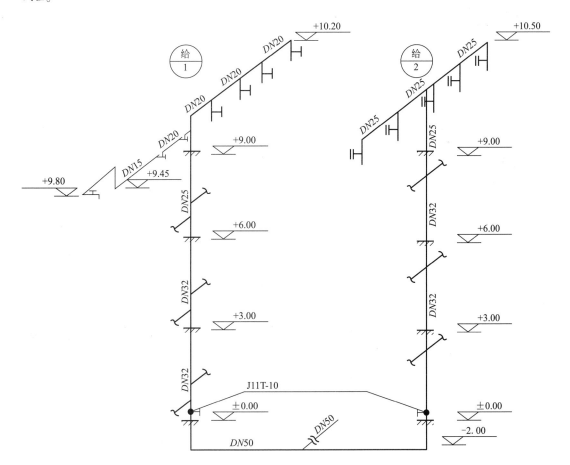

题 5-2-2 图　办公楼给水系统图（一、二、三层同四层）

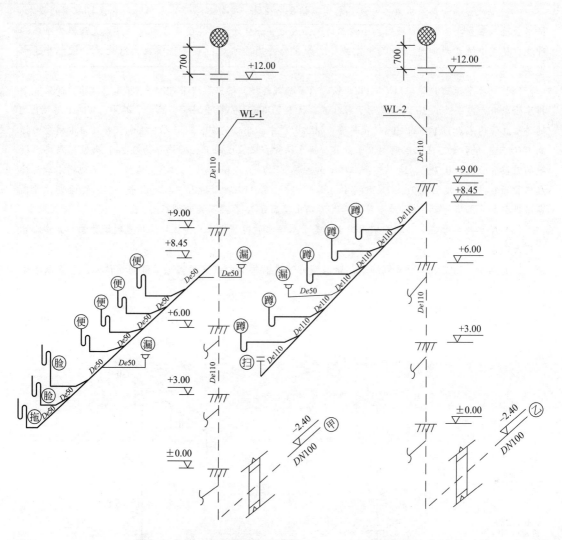

题 5-2-3 图 办公楼排水系统图（一、二、三层同四层）

题 5-2-1 表

项目编码	项目名称	项目编码	项目名称
031001001	镀锌钢管	031001006	塑料管
031001005	铸铁管	031002003	套管
031003001	螺纹阀门	031003003	焊接法兰阀门
031004002	洗脸盆	031004006	大便器
031004007	小便器	031004014	给水、排水附（配）件
031004004	洗涤盆		

题 5-2-2 表

定额编号	项目名称	单位	安装基价（元）			未计价主材	
			人工费	材料费	机械费	单价	耗量
8-176	DN32 镀锌钢管安装，螺纹连接	10m	248.60	48.06	1.12	6.80 元/m	10.2m
	镀锌钢管管件（综合）	个				5.00 元/个	8.03 个/10m
8-187	DN32 焊接钢管安装，螺纹连接	10m	248.60	53.36	1.12	6.45 元/m	10.2m
	焊接钢管管件（综合）	个				4.60 元/个	10.88 个/10m
	DN50 以内成品管卡安装	个	2.50	3.50		2.00 元/个	2.06 个/10m
8-441	套管制安	个	11.30	7.67	0.96		0.318
8-478	DN50 以内管道消毒冲洗	100m	58.76	40.24	0		
8-487	管道水压试验	100m	300.58	8.88	1.69		

注：1. 表内费用均不包含增值税可抵扣进项税额。

2. 该工程的人工费单价综合为 120 元/工日，管理费和利润分别按人工费的 40% 和 20% 计算。

问题：

1. 按照题 5-2-1 图～题 5-2-3 图所示内容，依据《通用安装工程工程量计算规范》GB 50856 及其相关规定，计算出所有给水管道、排水管道的清单工程量，并写出其计算过程。

2. 按照背景资料中的相关数据和题 5-2-1 图～题 5-2-3 图中所示要求，根据《通用安装工程工程量计算规范》GB 50856 和《建设工程工程量清单计价规范》GB 50500 的规定，编列出给水管道系统、排水管道系统的分部分项工程量清单项目，相关数据填入题 5-2-3 表"分部分项工程和单价措施项目清单与计价表"中。

3. 按照背景资料中的相关数据和题 5-2-1 图～题 5-2-3 图中所示要求，根据《通用安装工程工程量计算规范》GB 50856 和《建设工程工程量清单计价规范》GB 50500 的规定，编制题 5-2-1 图～题 5-2-3 图中室内给水镀锌钢管 DN32（安装、消毒、冲洗）的安装项目分部分项工程量清单的综合单价，并填入题 5-2-4 表"综合单价分析表"中。

4. 有一 150t 金属设备框架制作安装工程的发承包施工合同中约定：所用钢材由承包方采购供应，钢材单价变化超过 5% 时，其超过的部分按实调整。该工程招标时，发包方招标控制价按当地造价管理部门发布的市场基准价（信息指导价）为 4520 元/t 编制，承包方中标价为 4500 元/t。要求：（1）计算填列题 5-2-5 表"施工期间钢材价格动态情况"中各施工时段第四、五、六栏的内容；（2）列出各个时段钢材材料费当期结算值的计算式。

（计算结果保留两位小数）

题 5-2-3 表　　　　　　　　　分部分项工程和单价措施项目清单与计价表

序号	项目编码	项目名称	项目特征描述	计量单位	工程量	金额（元）	
						综合单价	合价
						—	—
						—	—
							—
						—	
						—	—
						—	
						—	—
							—
						—	—
						—	
						—	—
						—	
						—	—
						—	—
							—
						—	—
						—	
						—	—
						—	
						—	—
						—	—

题 5-2-4 表　　　　　　　　　综合单价分析表

工程名称：某厂区　　　　　标段：办公楼卫生间给水管道安装　　　　第 1 页　共 1 页

项目编码		项目名称		计量单位		工程量	
清单综合单价组成明细							
定额编号	定额名称	定额单位	数量	单价				合价			
				人工费	材料费	机械费	管理费和利润	人工费	材料费	机械费	管理费和利润
人工单价			小　计								
			未计价材料费								
清单项目综合单价											

续表

	主要材料名称、规格、型号	单位	数量	单价（元）	合价（元）	暂估单价（元）	暂估合价（元）
材料费明细							
	其他材料费						
	材料费小计						

题 5-2-5 表　　　　施工期间钢材价格动态情况

施工时段	钢材用量（t）	当期市场价格（元）	价格变化幅度（100%）	是否调整及其理由	钢材材料费当期结算值（元）
一	二	三	四	五	六
1	60	4941			
2	50	4683			
3	40	4150			

Ⅲ. 电气和自动化控制工程

工程背景资料如下：

1. 题 5-3-1 图、题 5-3-2 图所示为某砖混结构住宅楼一楼的照明平面图。

2. 该工程的相关定额、主材单价及损耗率见题 5-3-1 表。

题 5-3-1 表　　　　相关定额、主材单价及损耗率

定额编号	项目名称	定额单位	安装基价（元）			主材	
			人工费	材料费	机械费	单价	损耗率（%）
	照明配电箱嵌入式安装 半周长≤1.0m	台	102.30	10.60	0	900.00 元/台	
	插座箱嵌入式安装 半周长≤1.0m	台	102.30	10.60	0	500.00 元/台	
	砖、混凝土结构暗配 刚性阻燃管 PC20	10m	54.00	5.20	0	2.00 元/m	6
	砖、混凝土结构暗配 刚性阻燃管 PC40	10m	66.00	14.30	0	5.00 元/m	6
	管内穿照明线 BV1.5mm²	10m	9.20	2.30	0	2.00 元/m	16
	管内穿照明线 BV2.5mm²	10m	8.10	2.70	0	3.00 元/m	16
	管内穿照明线 BV4mm²	10m	5.40	3.00	0	4.20 元/m	10
	暗装灯头盒 86H50 型	个	3.30	0.96	0	3.00 元/个	2
	暗装插座盒 86H50 型	个	3.30	0.96	0	3.00 元/个	2
	暗装开关盒 86H50 型	个	3.30	0.96	0	3.00 元/个	2

续表

定额编号	项目名称	定额单位	安装基价（元）			主 材	
			人工费	材料费	机械费	单价	损耗率（%）
	暗装空调插座盒 100H60 型	个	3.30	0.96	0	10.00 元/个	2
	单相带接地暗插座 10A	套	6.80	1.85	0	12.00 元/套	2
	单相带接地空调暗插座 16A	套	7.80	2.85	0	90.00 元/套	2
	单联单控暗开关安装	10 个	68.00	11.18	0	12.00 元/个	2
	双联单控暗开关安装	10 个	71.21	15.45	0	15.00 元/个	2
	三联单控暗开关安装	10 个	74.38	19.70	0	18.00 元/个	2
	装饰灯 吸顶安装	10 套	280.00	70.00	0	120.00 元/套	1
	排风扇 吸顶安装	10 套	185.00	60.00	0	70.00 元/套	1
	普通灯具 吸顶安装	10 套	170.00	30.00	0	50.00 元/套	1

3. 该工程人工费单价（综合普工、一般技工和高级技工）为 100 元/工日，管理费和利润分别按人工费的 30% 和 10% 计算。

4. 相关分部分项工程量清单项目编码及项目名称见题 5-3-2 表。

题 5-3-2 表　　　　　　　分部分项工程量清单项目编码及项目名称

项目编码	项目名称	项目编码	项目名称
030404017	配电箱	030404034	照明开关
030412001	普通灯具	030404035	插座
030412004	装饰灯	030411005	接线箱
030404033	排风扇	030411006	接线盒
030404019	控制开关	030411001	配管
030404031	小电器	030411004	配线

问题：

1. 按照背景资料 1~4 项和题 5-3-1 图、题 5-3-2 图所示内容，根据《建设工程工程量清单计价规范》GB 50500 和《通用安装工程工程量计算规范》GB 50856 的规定，计算各分部分项工程量，并将配管（PC20、PC40）和配线（BV1.5mm²、BV2.5mm²、BV4mm²）的工程量计算式与结果填写清楚；计算各分部分项工程的综合单价与合价，编制完成题 5-3-3 表"分部分项工程和单价措施项目清单与计价表"。

2. 设定该工程"管内穿线 BV2.5mm²"的清单工程量为 60m，其余条件均不变，根据背景材料 2 中的相关数据，编制完成题 5-3-4 表"综合单价分析表"。

（计算结果保留两位小数）

序号	图例	名称型号规格	备注
1	▬	配电箱，嵌入式安装，500mm×300mm×150mm（宽×高×厚）	箱底高度1.5m
2	⊗	普通灯具 YJ-BCD-9	吸顶安装
3	○	装饰灯 LEDX101	吸顶安装
4	◤P	普通300型轴流排风扇	吸顶安装
5	◄	普通暗插座 10A	安装高度0.3m
6	◄K	空调暗插座 16A	安装高度1.8m
7	⌐●	单联单控暗开关 250V 10A	安装高度1.3m
8	⌐●	双联单控暗开关 250V 10A	安装高度1.3m

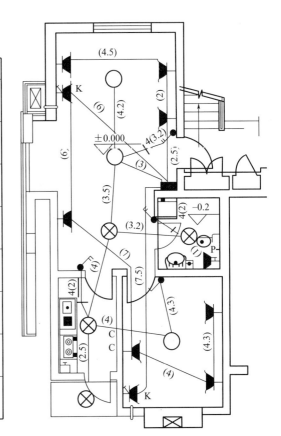

题 5-3-1 图　照明平面图

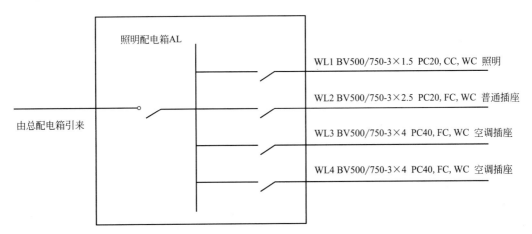

题 5-3-2 图　照明系统图

照明配电箱AL

WL1 BV500/750-3×1.5 PC20, CC, WC 照明

WL2 BV500/750-3×2.5 PC20, FC, WC 普通插座

WL3 BV500/750-3×4 PC40, FC, WC 空调插座

WL4 BV500/750-3×4 PC40, FC, WC 空调插座

由总配电箱引来

说明：

1. 照明配电箱电源由本层总配电箱引来。

2. 管路均为塑料管 PC20 或 PC40 沿墙、楼板或顶板暗配，室内地坪标高除卫生间为-0.2m 外，其余均为±0.000。配管进入地面或顶板内深度均按 0.05m，顶管距本房间地坪均为3m高。

3. 配管水平长度见括号内数字，单位为 m。

4. 图中水平配管括号外的数字代表该管内穿线的根数，其余未标注的水平配管穿线根数均为3根。

题 5-3-3 表　　　　　　　　　　**分部分项工程和单价措施项目清单与计价表**

工程名称：住宅楼　　　　　　　　　　　　　　　　　　　　　　标段：一层照明

序号	项目编码	项目名称	项目特征描述	计量单位	工程量	金额（元）		
						综合单价	合价	其中：暂估价
合　计								

题 5-3-4 表　　　　　　　　　　**综合单价分析表**

工程名称：住宅楼　　　　　　　　　　标段：一层照明

项目编码			项目名称				计量单位		工程量		
清单综合单价组成明细											
定额编号	定额项目名称	定额单位	数量	单价				合价			
				人工费	材料费	机械费	管理费和利润	人工费	材料费	机械费	管理费和利润
人工单价			小　计								
未计价材料费											
清单项目综合单价											

续表

材料费明细	主要材料名称、规格、型号		单位	数量	单价（元）	合价（元）	暂估单价（元）	暂估合价（元）
	其他材料费				—		—	
	材料费小计				—		—	

模拟题二

试题一：

某生产建设项目有关基础数据如下：

1. 按当地现行价格计算，项目的设备购置费为 3100 万元，已建类似项目的建筑工程费、安装工程费占设备购置费的比例分别为 35%、30%，由于时间、地点因素引起的上述两项费用变化的综合调整系数为 1.08，项目的工程建设其他费用按 900 万元估算。

2. 项目建设期 1 年，运营期 6 年。项目投产第一年可获得当地政府扶持该产品生产的补贴收入 500 万元。

3. 假设该项目的建设投资为 6000 万元，预计全部形成固定资产（包括可抵扣固定资产进项税额 100 万），固定资产使用年限 10 年，按直线法折旧，期末残值率 4%，固定资产余值在项目运营期末收回。投产当年需要投入运营期流动资金 300 万元。

4. 正常年份年营业收入为 3000 万元（其中销项税额为 600 万），经营成本为 2000 万元（其中进项税额为 500 万）；增值税附加按应纳增值税的 9% 计算，所得税税率为 25%。

5. 投产第一年仅达到设计生产能力的 80%，预计这一年的营业收入、经营成本和总成本均达到正常年份的 80%；以后各年均达到设计生产能力。

问题

1. 列式计算项目的建设总投资。

2. 列式计算融资前第 3 年的净现金流量。

3. 若该项目的初步融资方案为：贷款 500 万元用于建设投资，贷款年利率为 8%（按年计息），还款方式为运营期前 4 年等额还本付息，剩余建设投资及流动资金来源于项目资本金，计算第 3 年的净现金流量。

（计算结果均保留两位小数）

试题二：

某住宅楼项目有 A、B、C 三个设计方案，有关专家决定从五个功能（分别以 F_1、F_2、F_3、F_4、F_5 表示）对不同方案进行评价，并得到以下结论：F_2 和 F_3 同样重要，F_4 和 F_5 同样重要，F_1 相对于 F_4 很重要，F_1 相对于 F_2 较重要；此后，各专家对该三个方案的功能满足程度分别打分，其结果见题 2-1 表。

题 2-1 表   各方案功能得分表

功能 \ 得分 \ 方案	A	B	C
F_1	2	3	1
F_2	3	1	2
F_3	1	2	3
F_4	3	2	1
F_5	2	1	1

据造价工程师估算，A、B、C 三个方案的造价分别为 205 万元、196 万元、189 万元。

问题：

1. 采用 0~4 评分法确定各功能的权重，并将计算结果填入题 2-2 表中。

题 2-2 表   各方案功能权重计算表

	F_1	F_2	F_3	F_4	F_5	得分	权重
F_1							
F_2							
F_3							
F_4							
F_5							
合计							

2. 已知 B、C 两方案的价值指数分别为 1.051、0.902，在 0~4 评分法的基础上列式计算 A 方案的价值指数，并根据价值指数的大小选择最佳设计方案。

3. 为进一步控制工程造价，拟针对所选的最优设计方案的某分部分项工程费用为对象开展价值工程分析。分为三个功能项目，各功能项目得分值及其目前成本见题 2-3 表，按限额和优化设计要求，目标成本额应控制在 80 万元。

题 2-3 表   功能项目得分及其目前成本表

功能项目	功能得分	目前成本（万元）
面层	30	38.8
基层	23	28.5
保温层	15	17.8

试分析各功能项目的目标成本及其可能降低的额度，填入题 2-4 表，并确定功能改进顺序。

题 2-4 表　　　　　　　　　功能指数和目标成本降低额计算表

功能项目	功能评分	功能指数	目前成本（万元）	目标成本（万元）	目标成本降低额（万元）
面层					
基层					
保温层					
合计					

4. 根据价值工程的方法，确定住宅楼项目的最优设计方案后，采用工程量清单方式公开招标。

在招标过程中发生如下事件：

事件 1：2 月 10 日招标人书面通知各投标人：删除该项目所有房间精装修的内容，代之以水泥砂浆地面、抹灰墙及抹灰天棚，投标文件可顺延至 21 日。

事件 2：评标委员会于 4 月 29 日提出了书面评标报告：E、F 企业分列综合得分第一、第二名。4 月 30 日招标人向 E 企业发出了中标通知书，5 月 2 日 E 企业收到中标通知书，双方于 6 月 1 日签订了书面合同，合同工期为 2 年。6 月 15 日，招标人向其他未中标企业退回了投标保证金。

请问：请指出事件 1、2 中有哪些不妥之处？说明理由。

（权重、成本指数、功能指数、价值指数计算结果保留三位小数，其他计算结果保留两位小数）

试题三：

发包人与承包人按照《建设工程施工合同（示范文本）》GF-2017-0201 签订了工程施工合同。合同约定：采用工程量清单计价方式计价，由 4 栋宿舍楼组成。按设计文件项目所需的设备由发包人采购，管理费和利润为人材机费用之和 18%，规费和增值税综合费率为人材机费用与管理费和利润之和的 16.5%，人工工资标准为 80 元/工日，窝工补偿标准为 50 元/工日，施工机械窝工闲置台班补偿标准为正常台班费的 60%，人工窝工和机械窝工闲置不计取管理费和利润，工期 240 天，每提前（或拖后）一天奖励（或罚款）5000 元（含税费）。

开工前，承包人编制施工进度计划时采取横道图流水施工方法，将每栋宿舍楼作为一个施工段，施工过程划分为基础工程、结构安装工程、室内装饰工程和室外工程 4 个施工过程，每个施工过程投入 1 个专业工作队，拟采取异步距异节奏流水施工。监理工程师批准了该计划，施工进度计划如题 3-1 图所示。

施工过程中发生了如下事件：

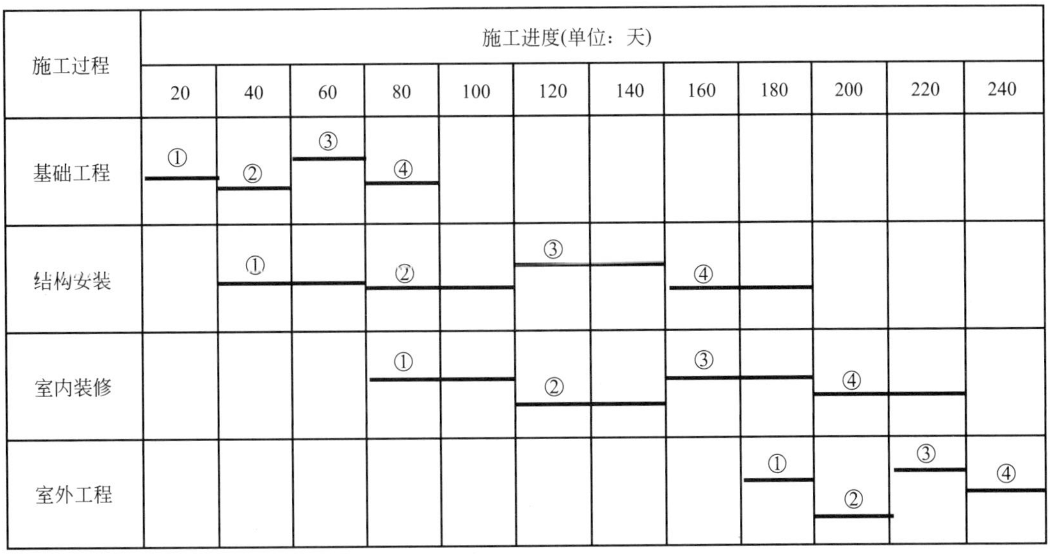

施工过程	施工进度(单位：天)											
	20	40	60	80	100	120	140	160	180	200	220	240
基础工程	①	②	③	④								
结构安装		①		②		③		④				
室内装修				①		②		③		④		
室外工程									①	②	③	④

题 3-1 图　流水施工进度计划

事件1：开工后第 10 天，在进行基础工程施工时，遇到持续 2 天的特大暴风雨，造成工地堆放的承包人部分模板损失费用 2 万元，特大暴风雨结束后，承包人安排该作业队中 20 人修复损坏的模板及支撑花费 1.5 万元，30 人进行工程修复和场地清理，其他人在现场停工待命，修复和清理工作持续了 1 天时间。施工机械 A、B 持续窝工闲置 3 个台班（台班费用分别为：1200 元/台班、900 元/台班）。

事件2：工程进行到第 30 天时，监理单位检查施工段 2 的基础工程时，发现有部分预埋件位置与图纸偏差过大，经沟通，承包人安排 10 名工人用了 6 天时间进行返工处理，发生人材费用 1260 元，结构安装工程按计划时间完成。

事件3：工程进行到第 35 天时，结构安装的设备与管线安装工作中，因发包人采购设备的配套附件不全，承包人自行决定采购补全，发生采购费用 3500 元，并造成作业队整体停工 3 天，每天人员窝工 30 个工日，因受干扰降效增加作业用工 60 个工日，施工机械 C 闲置 6 个台班（台班费 1600 元/台班），设备与管线安装工作持续时间增加 3 天。

事件4：为抢工期，经监理工程师同意，承包人将室内装修和室外工程搭接作业 5 天，因搭接作业相互干扰降效使费用增加 20000 元。

其余各项工作的持续时间和费用没有发生变化。

上述事件发生后，承包人均在合同规定的时间内向发包人提出索赔，并提交了相关索赔资料（计算相关增值税时，除了奖罚款外本题背景中费用均为不含税费用）。

问题：

1. 分别说明各事件工期，费用索赔能否成立？简述其理由。

2. 各事件工期索赔分别为多少天？总索赔工期为多少天？实际工期为多少天？

3. 承包人可以得到的各事件索赔价款为多少元？总费用索赔价款为多少元？工期奖

励（或罚款）为多少元？

4.在原施工计划编制时，若承包人采取增加作业队伍，按等步距组织施工，请画出流水施工横道图。按此施工时，计划工期为多少天？可以提前多少天完成项目？可以得到多少工期提前奖励？（以上费用计算结果以元为单位，保留两位小数）

试题四：

某工程项目业主通过工程量清单招标方式确定某投标人为中标人。并与其签订了工程承包合同，工期4个月。

1.部分工程价款条款如下：

（1）分项工程清单中含有两个混凝土分项工程，工程量分别为甲项2300m³，乙项3200m³，清单报价中甲项综合单价为580元/m³，乙项综合单价为560元/m³。除甲、乙两项混凝土分项工程外的其余分项工程费用为50万元。当某一分项工程实际工程量比清单工程量增加（或减少）15%以上时，应进行调价，调价系数为0.9（1.08）。

（2）单价措施项目清单，含有甲、乙两项混凝土分项工程模板及支撑和脚手架、垂直运输、大型机械设备进出场及安拆等五项，总费用66万元，其中甲、乙两项混凝土分项工程模板及支撑费用分别为12万元、13万元，结算时，该两项费用按相应混凝土分项工程工程量变化比例调整，其余单价措施项目费用不予调整。

（3）总价措施项目清单，含有安全文明施工、雨期施工、二次搬运和已完工程及设备保护等四项，总费用54万元，其中安全文明施工费、已完工程及设备保护费分别为18万元、5万元。结算时，安全文明施工费按分项工程项目、单价措施项目费用变化额的2%调整，已完工程及设备保护费按分项工程项目费用变化额的0.5%调整，其余总价措施项目费用不予调整。

（4）其他项目清单，含有暂列金额和专业工程暂估价两项，费用分别为10万元、20万元（承包商计总承包服务费5%）。

（5）规费率为不含税的人材机费、管理费、利润之和的6%；增值税率为不含税的人材机费、管理费、利润、规费之和的9%。

2.工程预付款与进度款

（1）开工之日7天之前，业主向承包商支付材料预付款和安全文明施工费预付款。材料预付款为分项工程合同价的20%，在最后两个月平均扣除；安全文明施工费预付款为其合同价的70%。

（2）甲、乙分项工程项目进度款按每月已完工程量计算支付，其余分项工程项目进度款和单价措施项目进度款在施工期内每月平均支付；总价措施项目价款除预付部分外，其余部分在施工期内第2、3月平均支付。

（3）专业工程费用、现场签证费用在发生当月按实结算。

（4）业主按每次承包商应得工程款的90%支付。

3.竣工结算

（1）竣工验收通过30天后开始结算。

（2）措施项目费用在结算时根据取费基数的变化调整。

（3）业主按实际总造价的5%扣留工程质量保证金，其余工程尾款在收到承包商结清支付申请后14天内支付。

承包商每月实际完成并经签证确认的分项工程项目工程量如题4-1表所示。

题4-1表　　　　　　　　　　每月实际完成工程量表　　　　　　　　单位：m³

分项工程 ＼ 月份	1	2	3	4	累计
甲	500	800	800	600	2700
乙	700	900	800	300	2700

施工期间，第2月发生现场签证费用2.6万元，专业工程分包在3月份，实际费用21万。

问题：

1. 该工程合同价为多少万元？材料预付款为多少万元？安全文明施工费预付款为多少万元？

2. 4月承包商已完工程款为多少万元？4月业主应向承包商支付工程款为多少万元？

3. 分项工程项目、单价和总价措施项目费用调整额为多少万元？实际工程含税总造价为多少万元？

4. 若乙分项工程前四个月计划匀速施工，计算乙分项工程在4月底的投资偏差和进度偏差（以投资额表示）。

5. 若竣工结算前已经支付承包商450.934万元（不含材料预付款），则竣工结算最终付款为多少万元？

6. 若竣工结算前已经支付承包商534.724万元（含材料预付款），则竣工结算最终付款为多少万元？

（以上计算结果以万元为单位，保留三位小数）

试题五：

本试题共分三个专业（Ⅰ土木建筑工程、Ⅱ管道和设备工程、Ⅲ电气和自动化控制工程），任选其中一题作答。

Ⅰ.土木建筑工程

某实训中心工程，地下1层，地上3层，层高均为3.3m，檐高10.35m，室内外高差为0.45m，地下室外墙为钢筋混凝土墙，地下室内墙（混凝土墙除外）以及±0.000标高以上填充墙均为200厚加气混凝土砌块，墙体保温为内保温，门窗洞口上设钢筋混凝土过梁，过梁两端各伸出洞口边250mm，过梁高为180mm，过梁宽与墙同厚。除特别标明外，所有的楼板厚度均按180mm计。该工程的地下室平面图、首层平面图、剖面图、基础平面图如题5-1-1图~题5-1-6图所示。

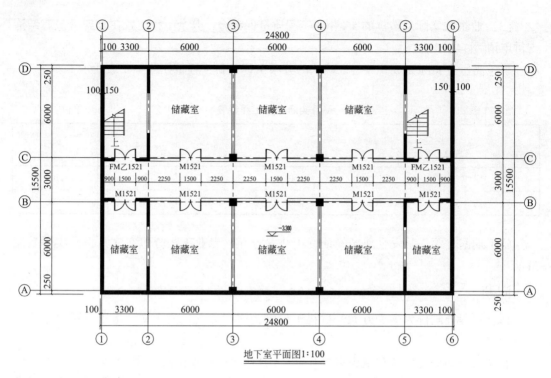

题 5-1-1 图　地下室平面图

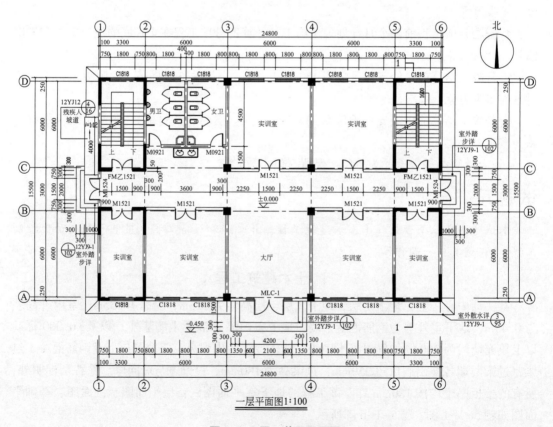

题 5-1-2 图　首层平面图

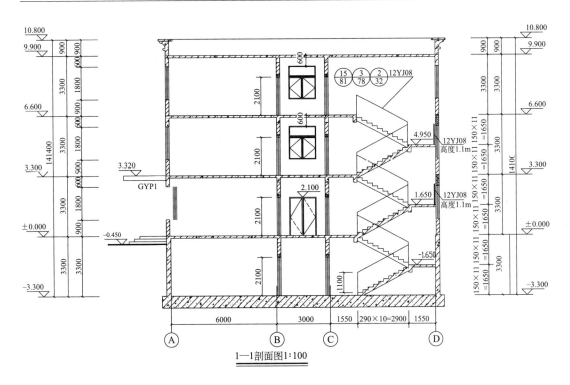

题 5-1-3 图　剖面图

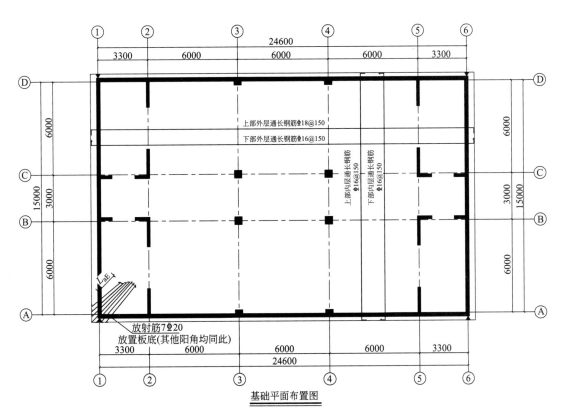

题 5-1-4 图　基础平面图

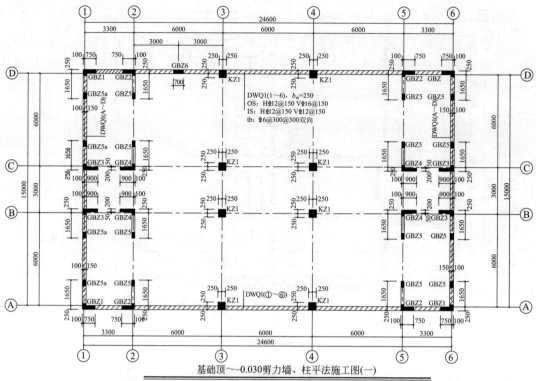

基础顶～-0.030剪力墙、柱平法施工图(一)

混凝土墙未特别注明平面位置者，均轴线居墙中。混凝土墙未特别注明编号者，均为Q1

题5-1-5图　基础顶～-0.030 剪力墙、柱平法施工图（一）

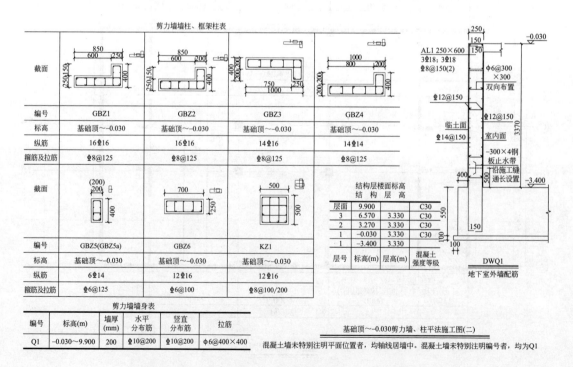

基础顶～-0.030剪力墙、柱平法施工图(二)

混凝土墙未特别注明平面位置者，均轴线居墙中。混凝土墙未特别注明编号者，均为Q1

题5-1-6图　基础顶～-0.030 剪力墙、柱平法施工图（二）

问题：

1. 根据上述条件，按《房屋建筑与装饰工程工程量计算规范》GB 50854，列式计算该工程的平整场地、挖一般土方、基础回填土、余土外运、混凝土垫层、筏板基础、-0.030 标高下的混凝土墙及矩形柱工程量，并补充填写题 5-1-1 表中的单位与工程量。

题 5-1-1 表　　　　　　分部分项工程和单价措施项目清单与计价表

序号	项目编码	项目名称	项目特征	单位	工程量	金额（元）	
						综合单价	合价
1	010101001001	平整场地	1. 土壤类别：一般土 2. 挖填平衡 3. 机械平整				
2	010101002001	挖一般土方	1. 土壤类别：一般土 2. 弃土运距：100m 3. 基底钎探				
3	010103001001	基础回填	1. 土质要求：原土回填 2. 夯实：夯填 3. 运输距离：100m				
4	010103002001	余方弃置	弃土运距：5km				
5	010501001001	混凝土垫层	1. 商品混凝土 2. C15				
6	010501004001	满堂基础	1. 商品混凝土 2. C30，P8				
7	010504001001	直形墙（-0.030标高以下）	1. 商品混凝土 2. C30 3. 混凝土墙中的框架柱混凝土量并入墙（同时浇筑）				
8	010502001001	矩形柱（-0.030标高以下）	1. 商品混凝土 2. C30 3. 框架柱				

2. 某施工单位承担此工程土建部分的施工。依据技术方案与企业定额，拟定开挖工程量按设计图示基础（含垫层）尺寸，另加工作面宽度300mm、考虑土方放坡系数0.33，全部土方80%由机械开挖、20%由人工开挖，基底钎探工程量按基础垫层底面积计算。已知该施工单位相关企业的定额与基价见题 5-1-2 表，管理费与利润取直接工程费的15%，不考虑风险。计算挖一般土方的清单综合单价并填写完成基础土方的综合单价分析表题 5-1-3 表。

题 5-1-2 表 　　　　　　　　　　挖基础土方定额及基价表（除税）

定额编号			1~2	1~16	1~8
项目			人工挖土方（含 100m 运距）	挖土机挖土方（含 100m 运距）	基底钎探
			10m³	1000m³	100m²
定额基价			417.60	4544.94	627.96
其中	人工费		417.60	1520.64	554.88
	材料费		0	0	73.08
	机械费		0	3024.30	0
名称	单位	单价（元）			
综合工日	工日	96.00	4.35	15.84	5.78
砂子	t	87.58			0.377
水	m³	7.85			0.050
页岩标砖	千块	578.80			0.029
其他材料	元				22.88
推土机	台班	794.10		0.26	
挖掘机	台班	1067.36		2.64	

题 5-1-3 表 　　　　　　　　　　基础土方综合单价分析表

项目编码				项目名称				计量单位		工程量	
清单综合单价组成明细											
定额编号	定额名称	定额单位	数量	单价（元）				合价（元）			
				人工费	材料费	机械费	管理费和利润	人工费	材料费	机械费	管理费和利润
人工单价			小计								
			未计价材料（元）								
清单项目综合单价（元/m²）											
主要材料名称、规格、型号			单位	数量	单价（元）	合价（元）		暂估单价（元）		暂估合价（元）	
其他材料费（元）											
材料费小计（元）											

3. 假定该工程分部分项工程费为 185000.00 元；单价措施项目费为 25000.00 元；总价措施项目仅考虑安全文明施工费，安全文明施工费按分部分项工程费的 4.5% 计取；其他项目费为零；人工费占分部分项工程及措施项目费的 8%，规费按人工费的 24% 计取；增值税税率按 9% 计取，按《建设工程工程量清单计价规范》GB 50500 的要求，列式计算安全文明施工费、措施项目费、规费、增值税，并在题 5-1-4 表中编制该单位工程招标控制价。

（上述各问题中提及的各项费用均不包含增值税可抵扣进项税额，所有计算结果保留两位小数）

题 5-1-4 表　　　　　　　　单位工程招标控制价汇总表

序号	项目名称	金额（元）
1	分部分项工程费	
2	措施项目	
2.1	其中：安全文明施工费	
3	其他项目	
4	规费	
5	税金	
招标控制价		

Ⅱ. 管道和设备工程

某管道工程有关背景资料如下：

1. 某氧气加压站的部分工艺管道系统如题 5-2-1 图所示。

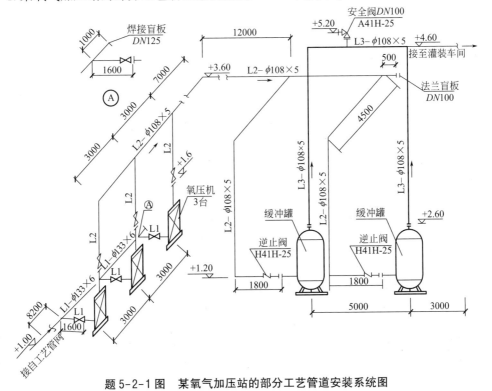

题 5-2-1 图　某氧气加压站的部分工艺管道安装系统图

说明：

（1）本图为氧气加压站的部分工艺管道。该管道系统工作压力为 3.2MPa。图中标注尺寸标高以"m"计，其他均以"mm"计。

（2）管道：采用碳钢无缝钢管，系统连接均为电焊弧；管件：弯头采用成品冲压弯头，三通现场挖眼连接。

（3）阀门、法兰：所有法兰为碳钢对焊法兰；阀门型号除图中说明外，均为 J41H-25，采用对焊法兰连接。

（4）管道支架为普通支架，其中：φ133×6 管支架共 5 处，每处 26kg；φ108×5 管支架共 20 处，每处 25kg。

（5）管道安装完毕做水压试验和空气吹扫，然后对 L3-φ108×5 管道焊接口均做 X 光射线无损探伤，胶片规格为 80mm×150mm，其焊口数量为 6 个。

（6）管道安装就位后，所有管道外壁刷油漆。缓冲罐引出管线 L3-φ108×5 采用岩棉管壳（厚度为 60mm）做绝热层，外缠铝箔保护层。

2. 工程相关分部分项工程量清单项目的统一编码见题 5-2-1 表。

题 5-2-1 表　　　　工程相关分部分项工程量清单项目的统一编码

项目编码	项目名称	项目编码	项目名称
030802001	中压碳钢管道	030816003	焊缝 X 光射线探伤
030805001	中压碳钢管件	030816005	焊缝超声波探伤
030808003	中压法兰阀门	031201001	管道刷油
030811002	中压碳钢焊接法兰	031201003	金属结构刷油
030815001	管架制作安装	030808005	中压安全阀
031208002	管道绝热	030801001	低压碳钢管道
031208007	铝箔保护	030804001	低压碳钢管件

3. φ133×6 碳钢无缝钢管安装工程定额的相关数据资料见题 5-2-2 表。

题 5-2-2 表　　　　φ133×6 碳钢无缝钢管安装工程定额的相关数据资料

序号	项目名称	计量单位	安装费单价（元）			主材	
			人工费	材料费	机械费	单价	主材消耗量
1	中压碳钢管（氩电连焊）DN200 内	10m	84.22	25.65	138.71	5.5 元/kg	9.41m
2	中压碳钢管（电弧焊）DN200 内	10m	184.22	15.65	158.71	5.5 元/kg	9.41m
3	低中压管道液压试验 DN200 内	100m	599.96	76.12	32.30		
4	管道水冲洗 DN200 内	100m	360.4	68.19	37.75	3.75 元/m³	43.74m³
5	管道空气吹扫 DN200 内	100m	205.63	75.67	32.60		
6	手工除管道轻锈	10m²	34.98	3.64	0.00		
7	管道刷红丹防锈漆第一遍	10m²	27.24	13.94	0.00		
8	管道刷红丹防锈漆第二遍	10m²	27.24	12.35	0.00		
9	管道橡塑保温管（板）φ325 内	m³	745.18	261.98	0.00	1500.00	1.04m³

注：人工日工资单价 100 元/工日，管理费按人工费的 50%计算，利润按人工费的 30%计算。表中费用均不含增值税可抵扣的进项税值。

问题：

1. 按照题 5-2-1 图所示内容，分别列式计算管道、管件、阀门、法兰、管架、X 光射线无损探伤、管道刷油、绝热、保护层的清单工程量。

2. 根据背景资料及题 5-2-1 图中所示要求，按《通用安装工程工程量计算规范》GB 50856 的规定分别编列管道系统的分部分项工程量清单，并填入题 5-2-3 表"分部分项工程量和单价措施项目清单与计价表"中。

3. 按照背景资料中的相关定额，根据《通用安装工程工程量计算规范》GB 50856 和《建设工程工程量清单计价规范》GB 50500 规定，编制 φ133×6 管道（单重 62.54kg/m）安装分部分项工程量清单"综合单价分析表"，见题 5-2-4 表。

（计算结果保留两位小数）

题 5-2-3 表　　　　　　　　分部分项工程和单价措施项目清单与计价表

序号	项目编码	项目名称	项目特征描述	计量单位	工程量	金额（元）		
						综合单价	合价	其中：暂估价

题 5-2-4 表   综合单价分析表

项目编码		项目名称		计量单位		工程量	
清单综合单价组成明细							
定额编号	定额项目名称	定额单位	数量	单价（元）				合价（元）			
				人工费	材料费	机械费	管理费和利润	人工费	材料费	机械费	管理费和利润
	人工单价			小 计							
				未计价材料费（元）							
	清单项目综合单价（元/m）										
材料费明细	主要材料名称、规格、型号			单位	数量	单价（元）	合价（元）	暂估单价（元）	暂估合价（元）		
								—	—		
								—	—		
	其他材料费（元）							—	—		
	材料费小计（元）							—	—		

Ⅲ. 电气和自动化控制工程

工程背景资料如下：

1. 某氮气站动力安装工程图如题 5-3-1 图所示。

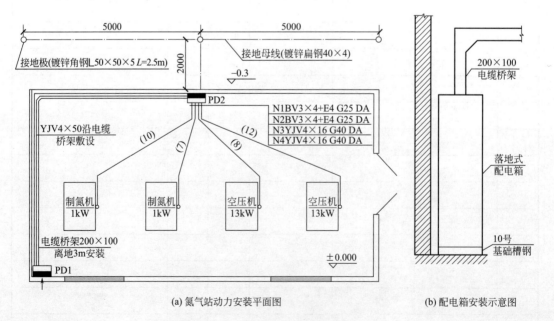

(a) 氮气站动力安装平面图   (b) 配电箱安装示意图

题 5-3-1 图   动力安装工程图

说明：

1. PD1、PD2 均为定型动力配电箱，落地式安装，其尺寸为 900×2000×600（宽×高×厚）。基础型钢用 10 号槽钢制作，其重量为 10kg/m。

2. PD1 至 PD2 电缆沿桥架敷设，其余电缆、电线均穿钢管敷设，埋地钢管标准高为-0.2m。埋地钢管至动力配电箱出口处高出地坪+0.1m。

3. 4 台设备基础标高均为+0.3m，至设备电机处的钢管管口高出基础面 0.2m，均连接 1 根长 0.8m 同管径的金属软管。

4. 连接电机处，出管口后电线、电缆的全部预留长度为 1m。电缆头为户内干包式，配电箱内的电力电缆头需要预留最小检修长度。穿电缆保护管的电缆不计附加长度。

5. 电缆桥架（200×100）的水平长度为 22m。

6. 电缆保护管水平长度见图中括号内数字，单位为 m。

7. 接地母线采用 40×4 镀锌扁钢，埋深 0.7m，由室外进入外墙皮后的水平长度为 0.5m，出地面后至配电箱内的长度为 0.8m，室内外地坪高差 0.3m。

8. 接地电阻要求小于 4Ω。

9. 题 5-3-1 表中数据为计算该动力安装工程的相关费用。

2. 该工程的相关定额、主材单价及损耗率表见题 5-3-1 表。

题 5-3-1 表 　　　　　　相关定额、主材单价及损耗率表

序号	项目名称	单位	安装费（元）			主材	
			人工费	材料费	机械费	单价（元）	损耗率（%）
1	成套配电箱安装（落地式）	台	69.66	31.83	0	2000 元/台	
2	基础槽钢制作	kg	5.02	1.32	0.41	3.50	5
3	基础槽钢安装	m	9.62	3.35	0.93		
4	钢管 $\phi25$ 沿砖、混凝土结构暗配	100m	785.70	144.94	41.50	9.30 元/m	3
5	钢管 $\phi40$ 沿砖、混凝土结构暗配	100m	1341.60	248.40	59.36	12.80 元/m	3
6	铜芯电力电缆敷设 16m^2	m	3.26	1.64	0.05	81.79	1
7	户内干包式电力电缆终端头制作安装 16m^2	个	12.77	67.14	0		
8	角钢接地极制作安装	根	14.51	1.89	14.32	42.40 元/根	3
9	接地母线敷设	10m	71.40	0.90	2.10	6.30 元/m	5
10	接地电阻测试	系统	30.00	1.49	14.52		
11	管内穿照明线 BV4mm^2	10m	5.40	3.00	0	4.20 元/m	10
12	铜芯电力电缆敷设 50m^2	m	12.56	4.34	0.25	380.60	1
13	户内干包式电力电缆终端头制作安装 50m^2	个	30.67	125.62	0		
14	电缆桥架	10m	353.50	62.73	2.32	6.07 元/m	5

注：表内费用均不包含增值税可抵扣的进项税额。

3. 该工程的人工费单价（综合普工、一般技工和高级技工）为 100 元/工日，管理费和利润分别按人工费的 55% 和 45% 计算。

4. 相关分部分项工程量清单编码及项目名称见题 5-3-2 表。

题 5-3-2 表　　　　　　相关分部分项工程量清单编码及项目名称

项目编码	项目名称	项目编码	项目名称
030404017	配电箱	030411001	配管
030408003	电缆保护管	030411004	配线
030408001	电力电缆	030409002	接地母线
030411003	电缆桥架	030409001	接地极
030408006	电力电缆头	030414011	接地装置电气调整试验

问题：

1. 根据图示内容和《通用安装工程工程量计算规范》GB 50856 的规定，列式计算电缆保护管、电缆敷设、电缆桥架、接地母线、配管、配线的工程量。

2. 依据《通用安装工程工程量计算规范》GB 50856 的规定和所给出的项目编码，填写题 5-3-3 表"分部分项工程和单价措施项目清单与计价表"。

3. 据定额表，填写完成题 5-3-4 表"综合单价分析表"。

4. 某投标人拟按以下数据进行该工程的投标报价。假设该安装工程计算出的各分部分项工程工料机费用合计为 100 万元，其中人工费占 10%。安装工程脚手架搭拆的工料机费用，按各分部分项工程人工费合计的 8% 计取，其中人工费占 25%；安全防护、文明施工措施费用，按当地工程造价管理机构发布的规定计 2 万元，其他措施项目清单费用按 3 万元计。施工管理费、利润分别按人工费的 54%、46% 计。暂列金额 1 万元，专业工程暂估价 2 万元（总承包服务费按 3% 计取），不考虑计日工费用。规费按 5% 费率计取；前述费用中均不含可抵扣的进项税税额。增值税税率按一般计税方法计取。编制题 5-3-5 表"单位工程投标报价汇总表"，并列出计算过程（计算过程和结果均保留两位小数）。

题 5-3-3 表　　　　　　分部分项工程和单价措施项目清单与计价表

序号	项目编码	项目名称	项目特征描述	计量单位	工程量	金额（元）	
						综合单价	合价
小计							

题 5-3-4 表　　　　　　　　　　综合单价分析表

项目编码				项目名称					计量单位			
清单综合单价组成明细												
定额编号	定额名称	定额单位	数量	单价（元）				合价（元）				
				人工费	材料费	机械费	管理费和利润	人工费	材料费	机械费	管理费和利润	
人工单价		小　计										
		未计价材料费（元）										
清单项目综合单价（元/m²）												
材料费明细	主要材料名称、规格、型号				单位	数量	单价（元）	合价（元）	暂估单价（元）	暂估合价（元）		
	其他材料费（元）											
	材料费小计（元）											

题 5-3-5 表　　　　　　　　　　单位工程投标报价汇总表

序号	汇总内容	金额（万元）	其　中		
			暂估价（万元）	安全文明施工费（万元）	规费（万元）
1					
1.1					
1.2					
1.3					
……					
2					
2.1					
2.2					
3					
3.1					
3.2					

续表

序号	汇总内容	金额（万元）	其 中		
			暂估价（万元）	安全文明施工费（万元）	规费（万元）
3.3					
3.4					
4					
5					

模拟题三

试题一：

某拟建项目有关资料如下：

1. 该项目为拟建一条 20 万 t 防水材料生产线，厂房的建筑面积为 5000m²，项目建设资金来源为自有资金和贷款，建设期 2 年，分年度按投资比例发放，第一年投入 40%，第二年投入 60%，贷款为 7000 万元，贷款利率 8%（按年计息）。同行业已建类似项目的建筑安装工程费用为 2000 元/m²，所含的人工费、材料费、施工机具使用费和综合税费占建筑安装工程造价的比例分别为 17.18%、58.31%、9.18%、15.33%。因建设时间、地点、标准等不同，相应的综合调整系数分别为 1.21、1.26、1.38、1.41。设备及工器具购置费为 5000 万元，工程建设其他费用为 1200 万元。预计建设期物价年平均上涨率 3%，投资估算到开工的时间按一年考虑，基本预备费率为 10%。若单位产量占用流动资金额为：45 元/t。

2. 假设项目全部建设投资为 9000 万元，其中，预计全部形成固定资产（包括可抵扣固定资产进项税额 70 万元），固定资产使用年限 8 年，按直线法折旧，残值率为 5%，运营期 6 年，固定资产余值在项目运营期末收回。

3. 假设运营期第 1 年投入流动资金 150 万元，全部为自有资金，流动资金在计算期末全部收回。

4. 在运营期间，正常年份每年的营业收入为 2800 万元（其中销项税额为 200 万元），经营成本为 350 万元（其中进项税额为 80 万元）；增值税附加按应纳增值税的 9% 计算，所得税率为 25%，行业所得税后基准收益率为 10%，行业基准投资回收期为 8 年。

5. 投产第 1 年生产能力达到设计生产能力的 60%，营业收入与经营成本也为正常年份的 60%。投产第 2 年及第 2 年后各年均达到设计生产能力。

6. 为简化起见，将"调整所得税"列为"现金流出"的内容。

问题：

1. 列式计算项目的建筑安装工程费用。

2. 列式计算建设项目总投资。

3. 列式计算融资前的年固定资产折旧费和计算期第 8 年的固定资产余值。

4. 编制融资前该项目的投资现金流量表，将数据填入题 1-1 表中，并计算项目投资财务净现值（所得税后）。列式计算该项目的动态投资回收期（所得税后），并评价该项目是否可行（计算结果保留两位小数）。

题 1-1 表　　　　　　　　　　项目的投资现金流量表

| 序号 | 项目 | 建设期 | | 运营期 | | | | | |
		1	2	3	4	5	6	7	8
1	现金流入								
1.1	营业收入（不含销项税额）								
1.2	销项税额								
1.3	补贴收入								
1.4	回收固定资产余值								
1.5	回收流动资金								
2	现金流出								
2.1	建设投资								
2.2	流动资金投资								
2.3	经营成本（不含进项税额）								
2.4	进项税额								
2.5	应纳增值税								
2.6	增值税附加								
2.7	维持运营投资								
2.8	调整所得税								
3	所得税后净现金流量								
4	累计税后净现金流量								
5	折现系数（10%）	0.9091	0.8264	0.7513	0.683	0.6209	0.5645	0.5132	0.4665
6	折现后净现金流量								
7	累计折现净现金流量								

试题二：

设计单位为拟建某工业项目提供三种方案供业主选择，项目总建筑面积为 10 万 m²。三种方案的单方造价、维修成本、残值等相关数据，见题 2-1 表，拟建工业项目厂房的使用寿命为 50 年，不考虑物价变动因素，基准折现率为 8%。

题 2-1 表　　　　　　　　　　各方案相关数据

序号	项目	A	B	C
1	单方造价（元/m²）	2600	1520	1860
2	大修周期（年）	20	10	15
3	大修费（万元/次）	30	21	26
4	残值（万元）	10	12	15

经过分析，最终确定方案 B 为最优设计方案，施工图设计文件经过相关行政主管部门批准，建设单位采用了公开招标方式进行施工招标。

2019 年 4 月 1 日招标人向通过资格预审的 A、B、C、D、E 五家施工单位发售招标文件，各施工单位按招标单位的要求在领取招标文件的同时提交了投标保证金，在同一张表格上进行了登记签收，招标文件中的评标标准如下：

1. 该项目的要求工期不超过 18 个月。

2. 对各投标报价进行初步评审时，若最低报价低于有效标书的次低报价 15% 及以上，视为最低报价低于其成本价。

3. 在详细评审时，对有效标书的各投标单位自报工期比要求工期每提前 1 个月给业主带来的提前投产效益，在评审时，按在报价的基础上扣减 40 万元计算；施工单位承诺争做文明施工示范基地的，在评审时，按在报价的基础上扣减 10 万元计算；申报绿色施工的，在评审时，按在报价的基础上扣减 15 万元计算；申报建筑业新技术应用示范工程的，在评审时，按在报价的基础上扣减 20 万元计算；申报省优工程的，在评审时，按在报价的基础上扣减 30 万元计算。

4. 经初步评审后确定的有效标书，在详细评审时，除报价外，应考虑将工期、示范文明工地、绿色施工、新技术、省优工程折算为货币，计算其评审价格。

5. 投标单位的投标情况如下：A、B、C、D、E 五家投标单位均在招标文件规定的投标截止时间前提交了投标文件。在开标会议上招标人宣读了各投标文件的主要内容，见题 2-2 表、题 2-3 表。

问题：

1. 分别列式计算拟建工业项目各方案合同价的现值。用现值比较法确定该项目的经济最优方案。

2. 指出招标人在发售招标文件过程中的不妥之处，并说明理由。

3. 通过评审各投标人的自报工期和报价，判别各投标文件是否有效？

4. 若不考虑资金的时间价值，仅考虑工期提前、文明施工、绿色施工、新技术、创优工程申报给业主带来效益，确定各投标人的综合报价（评审价）并从低到高进行排列。

题 2-2 表　　　　　　　　　　投标主要内容汇总表

投标人	基础工程		结构工程		装修工程		结构工程与装修工程搭接时间（月）
	报价（万元）	工期（月）	报价（万元）	工期（月）	报价（万元）	工期（月）	
A	420	4	1000	10	800	6	0
B	390	3	1080	9	960	6	2
C	420	3	1100	10	1000	5	3
D	480	4	1040	9	1000	5	1
E	400	4	830	10	850	6	2

题 2-3 表　　　　　　　　　　　投标主要内容汇总

投标人	文明施工示范基地	采用绿色施工技术	新技术应用示范工程	省优工程
A	√	√	√	√
B	√		√	
C	√			√
D	√	√	√	
E	√			

（计算结果保留两位小数）

试题三：

某工业项目发包人采用工程量清单计价方式，与承包人按照《建设工程施工合同（示范文本）》GF-2017-0201 签订了工程施工合同。合同约定：项目的成套生产设备由发包人采购；管理费和利润为人材机费用之和的 18%（其中现场管理费为 5%，窝工时计取），规费和税金为人材机费用与管理费和利润之和的 15%；人工工资标准为 80 元/工日，窝工补偿标准为 50 元/工日，施工机械窝工闲置台班补偿标准为正常台班费的 60%；工期 270 天，每提前（或拖后）1 天奖励（或罚款）5000 元（含税费）。

承包人经发包人同意将设备与管线安装作业分包给某专业分包人，分包合同约定，分包工程进度必须服从总包施工进度计划的安排，各项费用、费率标准约定与总承包施工合同相同。开工前，承包人编制并得到监理工程师批准的施工网络进度计划如题 3-1图所示。图中箭线下方括号外数字为工作持续时间（单位：天），括号内数字为每天作业班组工人数。所有工作均按最早可能时间安排作业。

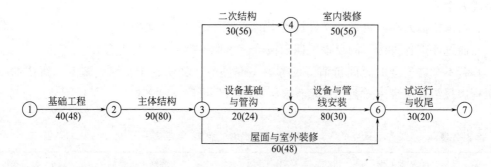

题 3-1 图　施工网络进度计划

施工过程中发生了如下事件：

事件 1：主体结构作业 20 天后，遇到持续 2 天的特大暴风雨，造成工地堆放的承包人部分周转材料损失费用 2000 元；特大暴风雨结束后，承包人安排该作业队中 20 人修复倒塌的模板及支撑，30 人进行工程修复和场地清理，其他人在现场停工待命，修复和清理工作持续了 1 天时间。施工机械 A、B 持续窝工闲置 3 个台班（台班费分别为：1200 元/台班、900 元/台班）。

事件2：设备基础与管沟完成后，专业分包人对其进行技术复核，发现有部分基础尺寸和地脚螺栓预留孔洞位置偏差过大。经沟通，承包人安排10名工人用了6天时间进行返工处理，发生人材机费用1260元，并使设备基础与管沟工作持续时间增加4天。

事件3：设备与管线安装作业中，因发包人采购成套生产设备的配套附件不全，专业分包人自行决定采购补全，发生采购费用3500元，并造成作业班组整体停工3天，因受干扰降效增加作业用工60个工日，施工机械C闲置6个台班（台班费：1600元/台班），设备与线安装工作持续时间增加3天，使试运行与收尾工作晚开始6天。

事件4：8月7日至10日室内装修施工时，乙方租赁的大模板未能及时进场，随后的8月9~12日，装修施工的材料供应中断（建设单位提供），造成40名工人持续窝工6天，所用机械持续闲置6个台班（台班费：900元/台班）。

事件5：为抢工期，经监理工程师同意，承包人将试运行部分工作压缩5天，费用增加10000元。其余各项工作的持续时间和费用没有发生变化。

上述事件发生后，承包人均在合同规定的时间内向发包人提出索赔，并提交了相关索赔资料（上述各项费用除了奖罚款其余都不含税）。

问题：

1. 分别说明各事件工期、费用索赔能否成立？简述其理由。

2. 各事件工期索赔分别为多少天？总工期索赔为多少天？实际工期为多少天？

3. 专业分包人可以得到的费用索赔为多少元？专业分包人应该向谁提出索赔？

4. 承包人可以得到的各事件费用索赔为多少元？总费用索赔额为多少元？工期奖励（或罚款）为多少元？（以上费用以元为单位，保留2位小数）

试题四：

某工程通过工程量清单招标确定某承包商为中标人。甲乙双方签订的承包合同包括的分项工程清单工程量和投标综合单价以及所需劳动量（45元/综合工日）如题4-1表所示。工期为5个月。有关合同价款的条款如下：

（1）采用单价合同。分项工程项目和措施项目的管理费均按人工、材料、机械费之和的12%计算，利润与风险均按人工、材料、机械费和管理费之和的7%计算；暂列金额为5万元；规费和增值税率综合为18.8%（其中增值税率9%）以人材机管理费利润为基数。

（2）措施项目费为8万元，开工前支付70%，剩余部分在工期内前4个月与进度款同时平均拨付，措施项目费结算时不予调整。

（3）分项工程H的主要材料，总量为205m²，暂估价为60元/m²。

（4）工程预付款为合同价（扣除暂列金额）的20%，在开工前7天拨付，在第3、4两个月均匀扣回。

（5）业主每次支付承包商完成工程款的80%。

（6）发包人在承包人提交竣工结算报告后的30天内完成审查工作，承包人向发包人提供所在开户银行出具的工程质量保函（保函额为竣工结算价的3%），并完成结清支付。

题 4-1 表　　　　　　　　　　　分项工程计价数据表

数据名称 \ 分项工程	A	B	C	D	E	F	G	H	I	J	K	合计
清单工程量（m²）	150	180	300	180	240	135	225	200	225	180	360	—
综合单价（元/m²）	180	160	150	240	200	220	200	240	160	170	200	—
分项工程项目费用（万元）	2.70	2.88	4.50	4.32	4.80	2.97	4.50	4.80	3.60	3.06	7.20	45.33
劳动量（综合工日）	80	180	200	210	240	210	180	120	280	150	150	2000

在施工过程中，前三个月检查核实的进度如题 4-2 表中的实际进度前锋线所示，另核实 4 月末 H 工作完成了原计划总量的 2/3，I 工作完成了原计划总量的 3/4，K 工作还有 2/3 没做完。5 月末各项工作都完工。

题 4-2 表　　　　　　　　　　　施工实际进度检查记录

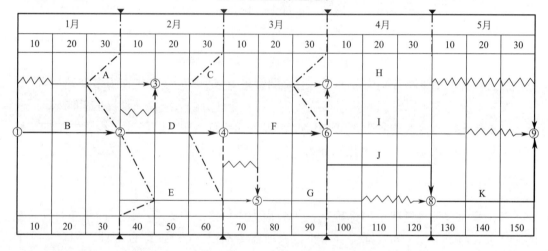

根据核实的有关记录：

（1）分项工程 H 的主要材料购买价为 65 元/m²；

（2）从第 4 月起，当地造价主管部门规定，人工综合工日单价应上调为 50 元/工日。背景材料中所有费用都不含可抵扣进项税额。

问题：

1.该工程的合同价为多少？工程预付款为多少？开工前支付总价措施工程款为多少？

2.绘制 4 月末的前锋线，4 月份业主应支付的工程款为多少？

3.列式计算 4 月底分项工程的投资偏差和进度偏差，并分析进度状况（用投资表示）。

4.列式计算实际总造价、应支付的竣工结算款。

5.施工企业成本分析时，施工成本 57.5 万元（不含利润，含进项税额），施工成本综合增值税率 8%，其中不可抵扣进项税额 0.2 万元，列式计算施工单位应纳增值税、成本利润率。

（以上计算结果以万元为单位，保留三位小数；成本利润率保留三位小数）

试题五：

本试题共分三个专业（Ⅰ土木建筑工程、Ⅱ管道和设备工程、Ⅲ电气和自动化控制工程），任选其中一题作答。

Ⅰ.土木建筑工程

背景资料：

某别墅部分设计如题5-1-1图~题5-1-5图所示。该工程为混合结构，建筑面积为338.23m²，室外地坪标高为−0.450m，檐口标高为6.6m。墙体为MU25普通黏土砖墙，

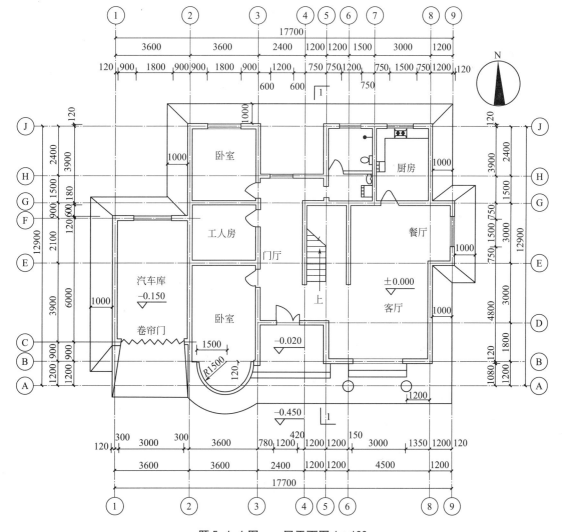

题5-1-1图　一层平面图1:100

注：弧形落地窗半径R=1500mm（为B轴外墙外边线到弧形窗边线的距离，弧形窗的厚度忽略不计）

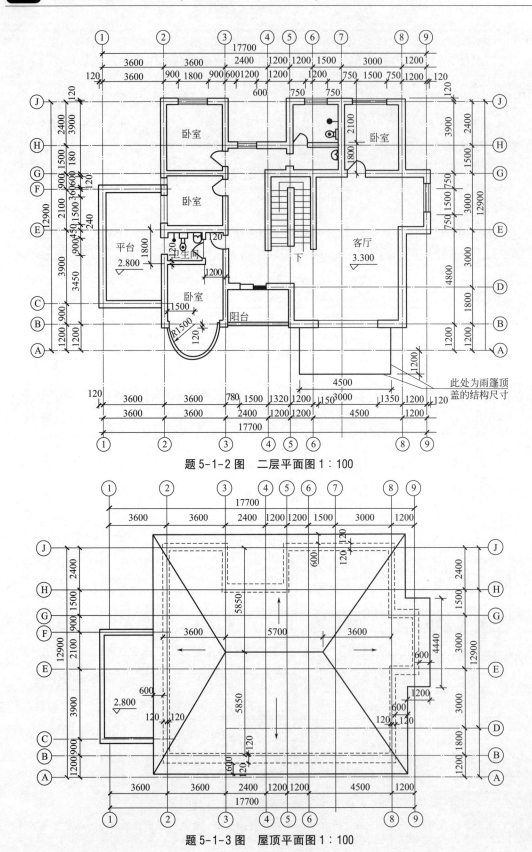

题 5-1-2 图　二层平面图 1：100

题 5-1-3 图　屋顶平面图 1：100

题 5-1-4 图　南立面图 1∶100

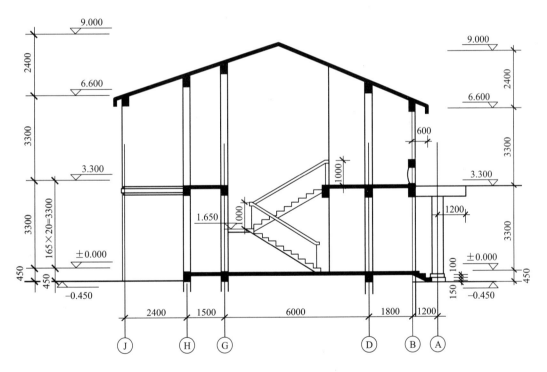

题 5-1-5 图　1-1 剖面图 1∶100

采用 M7.5 混合砂浆砌筑，砖墙除注明外均为 240mm 厚，外墙外侧均做 35 厚聚苯颗粒保温层（弧形处墙不计保温，即不考虑 2~3 轴与 B 轴相交处的墙）。楼板均为 120 厚 C25 现浇混凝土楼板。工程做法详见题 5-1-1 表。

工程量计算说明：

1. 内墙门窗侧面、顶面和窗底面均抹灰后刷乳胶漆，其乳胶漆计算宽度均按 100mm

计算，并入内墙面刷乳胶漆项目内。

2.贴块料的内墙，其门窗侧面、顶面和窗底面要计算，宽度均按150mm计算，归入零星项目。

3.门洞侧壁不计算踢脚线。

4.所有房间室内门的洞口尺寸均按900mm×2100mm计算；所有北面外墙上窗的洞口尺寸按1500mm×1800mm，窗台高900mm。

题5-1-1表　　　　　　　　　　工程做法一览表

序号	工程部位	工程做法
1	不上人屋面	1.铺红色水泥瓦； 2.25厚1:1:4水泥石灰浆； 3.1.5厚聚氨酯涂膜防水层三遍； 4.20厚1:3水泥砂浆找平层； 5.40厚现喷硬质发泡聚氨保温层； 6.10厚1:3水泥砂浆找平层； 7.3厚SBS卷材隔汽层； 8.5厚1:3水泥砂浆找平层； 9.120厚现浇混凝土楼板
2	水泥砂浆楼地面	1.部位：门厅、客厅、餐厅、工人房、汽车库； 2.20厚1:2.5水泥砂浆抹面压实赶光； 3.40厚C15细石混凝土随打随抹； 4.3厚聚氨酯防水涂膜两遍； 5.120厚C20混凝土垫层； 6.素土夯实
3	木地板地面	1.部位：卧室； 2.8厚强化企口复合木地板，板缝用胶粘剂粘铺，5厚泡沫塑料衬垫； 3.15厚1:2.5水泥砂浆找平； 4.30厚C15细石混凝土随打随抹； 5.3厚聚氨酯防水涂膜两遍； 6.120厚C15混凝土垫层； 7.素土夯实
4	块材地面	1.部位：厨房、卫生间； 2.5厚300×300防滑地砖，干水泥擦缝； 3.30厚1:3干硬性水泥砂浆，表面撒水泥粉； 4.最薄处30厚C20细石混凝土找坡抹平（地漏其周围半径1m范围内的地面做1%坡度，坡向地漏），水泥浆一道（内掺建筑胶）； 5.120厚C15混凝土； 6.素土夯实

序号	工程部位	工程做法
5	水泥砂浆踢脚线（150mm 高）	1. 部位：门厅、客厅、餐厅、工人房、汽车库； 2. 6 厚 1：2.5 水泥砂浆罩面压实赶光； 3. 素水泥浆一道； 4. 8 厚 1：3 水泥砂浆打底扫毛划出纹道； 5. 素水泥浆一道甩毛（掺建筑胶）
6	木质踢脚线（150mm 高）	1. 部位：卧室； 2. 做法：选用 05J909/TJ13 踢 9D 高 150，去掉 1、4，改 2 为 8 厚强化企口复合木地板与上下木条及木砖钉牢；
7	内墙面装饰抹灰	1. 部位：除卫生间、厨房以外墙面； 2. 内墙乳胶漆三遍（底漆一遍，面漆两遍）； 3. 满刮普通成品腻子膏两遍； 4. 面层 5mm 厚 1：0.5：3 水泥石灰砂浆罩面压光； 5. 底层 15mm 厚 1：1：6 水泥石灰砂浆； 6. 5 厚 1：2.5 水泥砂浆打底
8	块料内墙面	1. 部位：厨房、卫生间； 2. 150mm×300mm×5mm 釉面砖，白水泥擦缝； 3. 5 厚 1：2 建筑水泥砂浆粘结层； 4. 素水泥浆一道； 5. 6 厚 1：2.5 水泥砂浆打底压实抹平
9	顶棚涂料	1. 部位：除卧室以外顶棚； 2. 喷合成树脂乳胶涂料面层二道（每道隔 2h）； 3. 封底漆一道（干燥后再做面涂）； 4. 3 厚 1：0.5：2.5 水泥石灰膏砂浆找平； 5. 5 厚 1：0.5：3 水泥石灰膏砂浆找平； 6. 素水泥浆一道甩毛（内掺建筑胶）
10	顶棚吊顶（吊顶高度为 3000）	1. 部位：卧室； 2. 12 厚岩棉吸声板面层，规格 592×592，燃烧性能为 A 级； 3. T 形轻钢次龙骨 TB24×28，中距 600； 4. T 形轻钢主龙骨 TB24×38，中距 600，找平后与钢筋吊杆固定； 5. φ8 钢筋吊杆，双向中距≤1200； 6. 现浇混凝土板底预留 φ10 钢筋吊环，双向中距≤1200

问题：

1. 依据《建筑工程建筑面积计算规范》GB/T 50353 的规定，计算别墅的建筑面积。将计算过程及计量单位、计算结果填入题 5-1-2 表"建筑面积计算表"（计算结果均保留两位小数）。

题 5-1-2 表　　　　　　　　　　建筑面积计算表

序号	部位	单位	建筑面积	计算过程
1	一层			
2	雨篷			

2. 依据《房屋建筑与装饰工程工程量计算规范》GB 50854，填写题 5-1-3 表"分部分项工程量计算表"（计算结果均保留两位小数）。

题 5-1-3 表　　　　　　　　　分部分项工程量计算表

序号	分项工程名称	单位	数量	计算过程
1	瓦屋面			
2	J~H 轴与 5 轴相交砖墙（不考虑其中的圈梁与构造柱所占的体积）			
3	厨房墙面镶贴块材			
4	工人房水泥砂浆地面			
5	工人房踢脚线			
6	工人房顶棚涂料			

3. 根据《建设工程工程量清单计价规范》GB 50500、《房屋建筑与装饰工程工程量计算规范》GB 50854 及题 5-1-4 表，补充完成该房屋建筑与装饰工程分部分项工程和单价措施项目清单与计价表，见题 5-1-5 表（画"—"处不要求填写）（计算结果均保留两位小数）。

题 5-1-4 表　　　　　　　　　　项目编码表

项目编码	项目名称	项目编码	项目名称	项目编码	项目名称
010401003	实心砖墙	011104002	竹木地板	011206002	镶贴零星块料
010901001	瓦屋面	011105001	水泥砂浆踢脚线	011302001	吊顶顶棚
010902002	屋面涂膜防水	011105003	块料踢脚线	011407002	顶棚喷刷涂料
011001001	屋面保温	011105005	木质踢脚线	011701001	综合脚手架
011101001	水泥砂浆楼地面	011201001	墙面一般抹灰	011703001	垂直运输
011102003	块料楼地面	011204003	块料墙面	011704001	超高施工增加
011101002	外墙保温				

题 5-1-5 表　　　　　　　分部分项工程和单价措施项目清单与计价表

序号	项目编码	项目名称	项目特征描述	计量单位	工程量	金额		
						综合单价	合价	其中：暂估价
1		二楼 7 轴~8 轴与 J 轴~G 轴卧室内墙面抹灰				—	—	—

续表

序号	项目编码	项目名称	项目特征描述	计量单位	工程量	金额		
						综合单价	合价	其中：暂估价
2		瓦屋面				—	—	—
3		屋面涂膜防水				—	—	—
4		屋面保温				—	—	—
5		综合脚手架				—	—	—
6		垂直运输				—	—	—
7		超高工程附加				—	—	—

4. 假定工人房水泥砂浆地面的施工方案量同清单量，均为 9.27m³，施工企业的定额消耗量及市场资源价格表见题 5-1-6 表~题 5-1-9 表，已知该企业的管理费率为 12%（以工料机之和为基数计算），利润率和风险系数为 4.5%（以工料机和管理费之和为基数计算），计算水泥砂浆地面的清单综合单价，并填写完成清单计价表题 5-1-10 表。

题 5-1-6 表　　　水泥砂浆面层（20 厚）企业定额消耗量（单位：100m²）

项目	人工	材料					机械
	综合工	水泥砂浆	水泥	水	阻燃防火保温草袋片	材料采购保管费	—
单位	综合工日	m³	kg	m³	m²	元	—
数量	9.59	2.02	150.20	3.86	22	23.94	—
市场资源价格表（元）	77 元/工日	480.66 元/m³	0.42 元/kg	7.85 元/m³	3.44 元/m²		—

题 5-1-7 表　　　C15 细石混凝土（40 厚）企业定额消耗量（单位：100m²）

项目	人工	材料		机械
	综合工	C15 细石混凝土	材料采购保管费	小型机具
单位	综合工日	m³	元	元
数量	13.43	4.04	41.64	2.54
市场资源价格表（元）	77/工日	380/m³		

题 5-1-8 表　　聚氨酯涂膜防水层（3 厚，两遍）企业定额消耗量（单位：100m²）

项目	人工	材料			机械
	综合工	聚氨酯防水涂膜	固化剂	材料采购保管费	—
单位	综合工日	kg	kg	元	—
数量	32.24	102.4	7.65	70.52	—
市场资源价格表（元）	77/工日	17/kg	52/kg		—

题 5-1-9 表　　C20 混凝土垫层（120 厚）企业定额消耗量（单位：10m³）

项目	人工	材料		机械
	综合工	C20 预拌混凝土	材料采购保管费	电动夯实机械
单位	综合工日	m³	元	台班
数量	10.13	10.10	49.97	0.25
市场资源价格表（元）	77/工日	400/m³		26.02

题 5-1-10 表　　　　　　　工人房水泥砂浆地面清单与计价表

序号	项目编码	项目名称	项目特征描述	计量单位	工程量	金额		
						综合单价	合价	其中：暂估价
1		工人房水泥砂浆地面	1. 20 厚 1：2.5 水泥砂浆抹面压实赶光； 2. 40 厚 C15 细石混凝土随打随抹； 3. 3 厚聚氨酯防水涂膜两遍； 4. 120 厚 C20 混凝土垫层； 5. 素土夯实					—

5. 假定该工程分部分项工程费为 100000 元；单价措施项目费为 75000 元，总价措施项目仅考虑安全文明施工费，安全文明施工费按分部分项工程费的 3.5% 计取；其他项目考虑基础基坑开挖的土方、护坡、降水专业工程暂估价为 5500 元；人工费占比分别为分部分项工程费的 8%、措施项目费的 15%；规费按照人工费的 21% 计取；增值税税率按9% 计取。按《建设工程工程量清单计价规范》GB 50500 的要求，列示计算安全文明施工费、措施项目费、人工费、规费、增值税；并在题 5-1-11 表"单位工程最高投标限价汇总表"中填写该单位工程最高投标限价。

题 5-1-11 表　　　　　　　单位工程最高投标限价汇总表

序号	汇总内容	金额（元）	其中暂估价（元）
1	分部分项工程		
2	措施项目		
2.1	其中：安全文明措施费		
3	其他项目费		
4	规费		
5	增值税 9%		
	最高总价合计		

（上述问题中提及的各项费用均不包含增值税可抵扣进项税额。所有计算结果均保留

两位小数)

Ⅱ. 管道和设备工程

管道工程有关背景资料如下：

1. 某娱乐中心共两层，外墙厚度 370mm。喷淋立管的中心线至墙壁的安装距离为 250mm。该建筑的自动喷淋消防工程的平面图、系统图如题 5-2-1 图～题 5-2-3 图所示。系统户外设有阀门井，内设消防水泵接合器，各层均设自动排气阀，丝扣自动泄水阀、信号蝶阀、水流指示器。

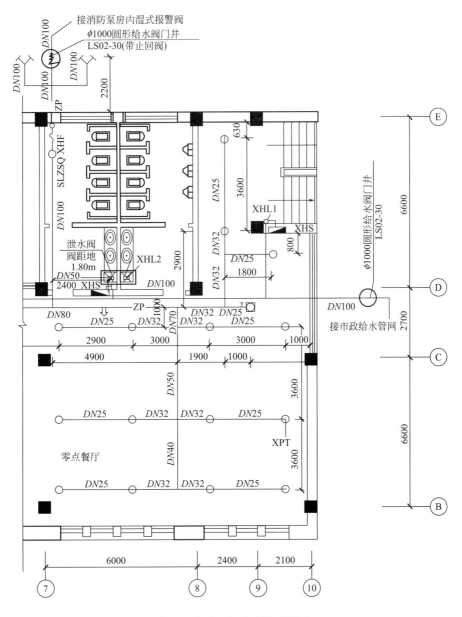

题 5-2-1 图　自动喷淋平面图

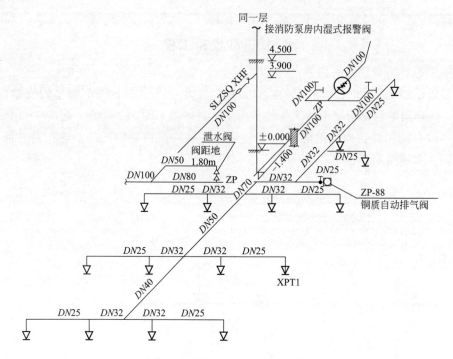

题5-2-2图　自动喷淋系统图

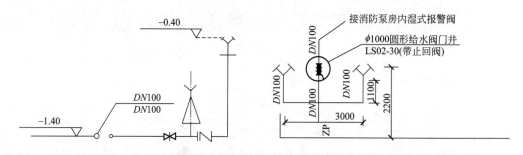

题5-2-3图　节点图：地下式消防水泵接合器SQX100

说明：

1. 如图所示为某娱乐中心消防自动喷淋系统平面图、系统图和详图。管道系统工作压力为1.0MPa。图中平面尺寸均以"mm"计；标高以"m"计。

2. 管道采用镀锌无缝钢管，管件采用碳钢成品螺纹管件，管道支架为现场制作安装。

3. 消防水泵接合器为SQX100地下式安装，ZSJZ·F水流指示器DN100与管道采用法兰连接，消防专用信号蝶阀BWSX100，自动泄水阀DN50，ZP—88铜制自动排气阀DN25等阀门与管道的连接均为螺纹连接。

4. DN25的水喷淋头为下垂式安装，距离顶部供水横支管的距离为0.3m。

5. 消防自动喷淋管网安装完毕进行水压试验和水冲洗。

2. 假设消防管网工程量如下：

管道DN100 35m、DN50 20m、DN32 30m、DN25 60m，消防水泵接合器2套，ZSJZ·F水流指示器为DN100 2个，消防专用信号蝶阀2个，ZP—88铜制自动排气阀2个，丝扣自动泄水阀 2 个，喷淋头 26 个，管道支架 120kg，水灭火控制装置调试 2 点。

3. 消防管道工程相关分部分项工程量清单项目的统一编码见题 5-2-1 表。

4. DN25 水喷淋管道的相关定额见题 5-2-2 表。

题 5-2-1 表　　　　　　　分部分项工程量清单项目的统一编码

项目编码	项目名称	项目编码	项目名称
030901001	水喷淋钢管	030807001	低压螺纹阀门
030901006	水流指示器	031003001	螺纹阀门
030901012	消防水泵接合器	031002001	管道支架（kg 或套）
030901003	水喷淋喷头	030905001	水灭火控制装置调试（按水流指示器数量以点计算）

注：编码前四位 0308 为"工业管道工程"，0309 为"消防工程"，0310 为"给水排水、供暖、燃气工程"。

题 5-2-2 表　　　　　　　DN25 水喷淋管道的相关定额

定额编号	工程项目名称	计量单位	工料机单价（元）			未计价材料（元）	
			人工费	材料费	机械费	单价	耗用量
7-1	DN25 水喷淋管安装，螺纹连接	10m	205.66	10.33	5.35	5.63 元/m	10.2
	管件（综合）	个				8.37 元/个	7.23 个/10m
7-130	管道支架制作安装	100kg	1005.70	218.90	125.87		0.106t/100kg
7-57	DN50 以内自动喷水灭火系统管网水冲洗	100m	285.89	129.54	11.28		
7-208	自动喷水灭火系统调试	点	227.13	10.54	19.31		

注：1. 该表中的费用均不含增值税可抵扣的进项税额；

　　2. 人工日工资单价 120 元/工日，管理费按人工费的 50%计算，利润按人工费的 30%计算。

问题：

1. 根据《通用安装工程工程量计算规范》GB 50856 的规定，按照题 5-2-1 图~题 5-2-3 图所示内容，列式计算水喷淋消防管道的清单工程量。

2. 根据背景资料 2、3，以及题中规定的管道安装技术要求，编列出管道、管道支架、消防水泵接合器、水流指示器、阀门、水喷淋头以及自喷淋系统调试的分部分项工程量清单，填入题 5-2-3 表"分部分项工程和单价措施项目清单与计价表"中。

3. 根据《通用安装工程工程量计算规范》GB 50856、《建设工程工程量清单计价规范》GB 50500 规定，按照背景资料 4 中的相关定额数据，编制 DN25 水喷淋管安装项目的"综合单价分析表"，填入题 5-2-4 表。

4. 厂区综合楼消防工程单位工程招标控制价中的分部分项工程费为 216.70 万元，中标人投标报价中的分部分项工程费为 198.45 万元。在施工过程中，发包人向承包人提出增加安装 5 套消防水泵接合器的工程变更，消防水泵接合器由承包方采购。合同约定：招标工程量清单中没有适用的类似项目，按照《建设工程工程量清单计价规范》GB 50500规定和消防工程的报价浮动率确定清单综合单价。经查当地工程造价管理机构发布的消防泵接合器安装定额价目表为 476.42 元，其中人工费 274.59 元；消防水泵接合器安装定额未计价主要材料费为 504 元/套。列式计算消防水泵接合器安装项目的清单综合单价。

题 5-2-3 表　　　　　　　分部分项工程和单价措施项目清单与计价表

工程名称：某建筑　　　　　标段：自动喷淋系统安装　　　　　第 1 页　共 1 页

序号	项目编码	项目名称	项目特征描述	计量单位	工程量	金额（元）		
						综合单价	合价	其中：暂估价

题 5-2-4 表　　　　　　　　　　综合单价分析表

工程名称：某建筑　　　　　标段：自动喷淋系统安装　　　　　第 1 页　共 1 页

项目编码			项目名称			计量单位		工程量	
清单综合单价组成明细									
定额编号	定额名称	定额单位	数量	单价				合价			
				人工费	材料费	机械费	管理费和利润	人工费	材料费	机械费	管理费和利润
人工单价			小　计								
未计价材料费											
清单项目综合单价											

材料费明细	主要材料名称、规格、型号		单位		数量		单价（元）	合价（元）	暂估单价（元）	暂估合价（元）
	其他材料费									
	材料费小计									

Ⅲ. 电气和自动化控制工程

工程背景资料如下：

1. 某办公楼一层火灾自动报警系统工程如题 5-3-1 图、题 5-3-2 图所示。

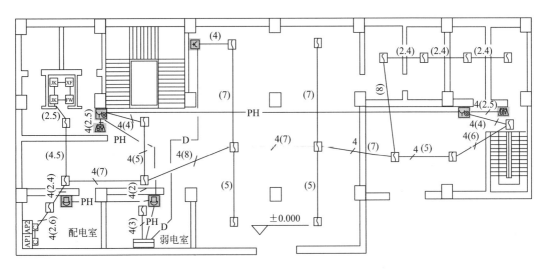

题 5-3-1 图　办公楼一层火灾自动报警平面图

序号	图例	名称　型号　规格	备　　　注
1		智能型光电感烟探测器JTY-GD-3001	与底座配套吸顶安装
2		火灾报警控制器	落地安装，尺寸500mm×1800mm×450mm(宽×高×厚)
3	DG	短路隔离器HJ-175	装在火灾报警控制器内
4	C	控制模块HJ-1825	距地2.2m安装
5	JK	输入模块HJ-1750B	距顶0.2m安装
6	W	水流指示器	与输入模块一体
7	XF	信号阀	与输入模块一体
8		组合声光报警装置	距地2.2m明装
9		手动报警按钮(带电话插口)	距地1.5m明装
10		消防报警电话	距地1.3m明装
11		消火栓启泵按钮	距地1.1m明装

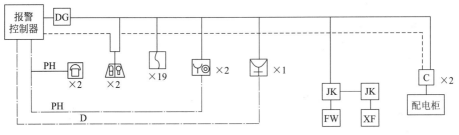

题 5-3-2 图　办公楼一层火灾自动报警系统图

说明：

（1）管路均为焊接钢管 SC20 或 SC15 沿墙、顶板暗配，顶管敷设标高为 4m。管内穿四根线的均采用 SC20，管内穿 2 根线的均采用 SC15。

（2）管内穿 4 根线的有两种情形：一种是有两根 DC24V 电源线（ZR-BV-2.5mm²）和两根报警线（ZR-RVS-2×1.5mm²），在 SC20 焊接钢管内共管数；另一种是单独敷管布线的消火栓起泵管 D，管内穿四根消火栓启泵线 ZR-BV-1.5mm²，其中消火栓启泵管的水平长度为 18m。

（3）消防电话管单独敷管布线，管内穿消防电话线 ZR-RVVP-2×1.0mm²，其中消防电话管的水平长度为 35m。

（4）控制模块和输入模块均安装在暗装开关盒内，两只输入模块之间距离为 0.3m，两只控制模块之间的距离为 1m，控制模块与配电箱 AP1、AP2 之间的连接管与连接线不计，配管配线工程量算至控制模块。

（5）自动报警系统装置调试的点数按本图内容计算。

（6）配管水平长度见括号内数字，单位为 m。

2. 火灾自动报警系统工程的相关定额、主材单价及损耗率见题 5-3-1 表。

题 5-3-1 表　　　　　　　　定额、主材单价及损耗率

定额编号	项目名称	计量单位	安装费（元）			主材	
			人工费	材料费	机械费	单价	损耗率（%）
7-136	感烟探测器	只	66.67	5.64	0	32.90	
7-141	带插孔按钮安装	只	99.26	10.1	0	15.2 元/只	
7-142	按钮安装	只	97.18	8.75	0	13.5 元/只	
7-143	控制模块（接口）	只	205.66	8.63	0	126 元/只	
7-144	短路隔离器模块（接口）	只	272.33	14.86	0	45 元/只	
7-145	报警模块（接口）	只	194.36	6.09	0	56 元/只	
7-146	声光报警装置安装	个	53.18	4.58	0	130 元/台	
7-148	消防报警电话安装	部	10.48	2.16	0	96 元/部	
7-150	报警控制器	台	1824.95	49.50	37.98	1200 元/台	
7-197	自动报警系统调试	系统	2049.82	234.50	228.99		
2-1210	刚性阻燃管砌体结构暗配 φ15	100m	569.52	23.60	0	2.00 元/m	6
2-1211	刚性阻燃管砌体结构暗配 φ20	100m	610.20	25.43	0	2.50 元/m	6
2-1280	BV1.5mm² 以内	100m	81.36	19.04	0	2.20 元/m	16
2-1281	BV2.5mm² 以内	100m	91.53	22.57	0	5.30 元/m	16
2-1288	铜芯 2×1.5mm² 以内双绞线	100m	183.20	40.12	0	5.16 元/m	16
2-1289	铜芯 2×1.0mm² 以内软导线管内穿线	100m	78.48	14.93	0	4.73 元/m	8

注：表内费用均不包含增值税可抵扣的进项税额。

3. 人工单价为 100 元/工日，管理费和利润分别按人工费的 65% 和 35% 计算。

4. 相关分部分项工程量清单编码及项目名称见题 5-3-2 表。

题 5-3-2 表　　　　　　　　分部分项工程量清单编码及项目名称

项目编码	项目名称	项目编码	项目名称
030411001	配管	030904006	消防报警电话插孔（电话）
030411004	配线	030904008	模块（接口）
030901006	水流指示器	030904009	区域报警控制器
030904001	点型探测器	030905001	自动报警系统调试
030904003	按钮	031003002	螺纹法兰阀门
030904005	声光报警器		

问题：

1. 按照题 5-3-1 图、题 5-3-2 图及《通用安装工程工程量计算规范》GB 50856 和《建设工程工程量清单计价规范》GB 50500 的规定，列式计算配管、配线的工程量，并选用给定的统一项目编码，在题 5-3-3 表中，编制"分部分项工程和单价措施项目清单计价表"。

2. 根据题 5-3-1 图、题 5-3-2 图设计要求和上述相关定额，在题 5-3-4 表中，编制电气配管 SC15 的"工程量清单综合单价分析表"。

题 5-3-3 表　　　　　　　分部分项工程和单价措施项目清单计价表

工程名称：办公楼　　　　　　标段：一层火灾自动报警系统

序号	项目编码	项目名称	项目特征描述	计量单位	工程量	金额（元）		
						综合单价	合价	其中：暂估价
		合计						

题 5-3-4 表　　　　　　　**工程量清单综合单价分析表**

工程名称：办公楼　　　　　　　标段：一层火灾自动报警系统

项目编码		项目名称					计量单位		
清单综合单价组成明细									
定额编号	定额项目名称	定额单位	数量	单价（元）				合价（元）	

定额编号	定额项目名称	定额单位	数量	人工费	材料费	机械费	管理费和利润	人工费	材料费	机械费	管理费和利润
人工单价			小计								
			未计价材料费（元）								
清单项目综合单价（元/m）											

材料费明细	主要材料名称、规格、型号	单位	数量	单价（元）	合价（元）	暂估单价（元）	暂估合价（元）
						—	—
						—	—
	其他材料费（元）					—	—
	材料费小计（元）					—	—

模拟题四

试题一：

某地区 2019 年拟建年产 40 万 t 新型建筑材料产品的项目。根据调查，该地区 2017 年建设的年产 30 万 t 相同产品的已建项目的投资总额为 2200 万元。生产能力指数为 0.7，2017 年至 2019 年工程造价平均每年递增 9%。

假设拟建项目的投资额及其他财务评价基础数据见题 1-1 表，建设期为 2 年，运营期为 6 年。运营期第 1 年达产 70%，以后各年均达产 100%。

题 1-1 表　　　某建设项目财务评价基础数据表（单位：万元）

序号	项目＼年份	1	2	3	4	5	6	7	8
1	建设投资 其中：资本金 贷款	700 1000	800 1000						
2	流动资金： 其中：资本金 贷款			160 320	320				
3	经营成本 其中： 可抵扣进项税额			2240 84	3200 120	3200 120	3200 120	3200 120	3200 120

有关说明如下：

1. 表中贷款额不含利息，建设投资贷款利率为 5.84%（按月计息）。建设投资估算中的 540 万元形成无形资产，其余形成固定资产。

2. 无形资产在运营期各年等额摊销；固定资产使用年限为 10 年，直线法折旧，残值率为 4%，固定资产余值在项目运营期末一次收回。

3. 流动资金贷款利率为 4%（按年计息）。流动资金在项目运营期末一次收回并偿还贷款本金。

4. 增值税率为 17%，增值税附加税率为 9%，所得税税率为 25%，行业基准投资回收期为 8 年。

5. 建设投资贷款在运营期内的前 4 年等额还本付息。

6. 当地政府考虑该项目对当地经济拉动作用，在项目运营期前两年每年给予 500 万元补贴。

7. 运营期第四年，每年需维持运营投资 20 万元，维持运营投资按当年费用化处理，不考虑增加固定资产，无残值。

8. 该项目产品的含税销售价格为 60 元/件，设计生产能力为年产量 80 万件，产品固定成本占年总成本的 40%，单位产品平均可抵扣进项税额预计为 1.5 元。

9. 假定建设投资中无可抵扣固定资产进项税额，不考虑增值税对固定资产投资、建设期利息计算、建设期现金流量的可能影响。

问题：

1. 列式计算项目的建设总投资。

2. 列式计算建设投资贷款年实际利率，建设期贷款利息。

3. 编制建设投资贷款还本付息计划，见题 1-2 表。列式计算年固定资产年折旧额和运营期末余值。

题 1-2 表　　　　　借款还本付息计划表（单位：万元）

项目	计算期							
	1	2	3	4	5	6	7	8
借款 1								
期初借款余额								
当期还本付息								
其中：还本								
付息								
期末借款余额								
借款 2								
期初借款余额								
当期还本付息								
其中：还本								
付息								
期末借款余额								
合计								
期初借款余额								
当期还本付息								
其中：还本								
付息								
期末借款余额								

4. 列式计算期第 3、6 年的增值税附加、总成本和所得税。

5. 从项目资本金角度，列式计算第 3 年的净现金流量。

6. 计算计算期第 6 年的年产量盈亏平衡点，并据此进行盈亏平衡分析（计算结果保留两位小数）。

试题二：

背景资料：

我国某工业性项目拟采用国际公开招标，初步确定由世界银行提供贷款，项目贷款方为项目建设单位即项目招标人。该项目招投标执行世界银行贷款项目国际工程招标投标的流程、惯例和开标办法。

项目招投标实施过程中，发生如下事件：

事件 1：当项目的资金来源已经初步确定，项目初步设计已经完成，确定了以国际竞争性招标方法进行采购工程，招标人准备了一份总采购通告，拟在向投标人公开发售之前 30 天送交世界银行，以保证能免费安排在联合国出版的《发展商务报》上刊登。

事件 2：招标文件要求，投标文件必须寄交某邮政信箱。

事件 3：合同谈判结束，中标人接到授标信后，在规定时间内应提交履约担保。双方应在投标有效期内签署合同正式文本，一式两份，双方各执一份，并将合同副本送世界银行。

问题：

1. 上述事件是否妥当？请逐一说明理由。

2. 如果在投标前未进行过资格预审，那么对在评标后对标价最低并拟授予合同标书的投标人要进行资格审查吗？请说明相关规定。

3. 如果某企业中标后，决定更新设备，购买 15 台新型推土机。根据统计资料每台推土机每年可工作 220 个台班。

购买新型国产推土机的基础数据估算如题 2-1 表。

题 2-1 表　　　　　　　　国产推土机的基础数据估算表

	设备购置费（万元/台）	寿命期（年）	期末残值率	大修周期（年）	大修费（万元/台）	经常修理费[万元/（台·年）]	年运行费（万元/台）	台班时间利用率	纯工作 1h 的推土量（m³）
国产设备	177.46	8	5%	3	5	1	6	80%	200

请计算：

（1）计算每台国产设备寿命周期的年费用（行业基准收益率 $i_c = 10\%$）。

（2）假设用国产机械推土每立方米的全部费用综合单价为 46.57 元/m³，已知进口设备的费用效率为 30，从寿命周期成本理论的角度，应购买何种设备？

（计算结果均保留两位小数）

试题三：

　　某工程项目业主通过工程量清单招标确定某施工单位中标并签订了主体工程施工合同，基坑及围护支撑结构业主另外发包，工期为15个月，合同约定：实际工期提前1天，奖励施工单位1万元（含税费），管理费按人材机费用之和的10%计取，利润按人材机费用和管理费之和的6%计取，规费和税金为人材机费用、管理费与利润之和的13%；施工机械台班单价为1500元/台班，施工机械闲置补偿按施工机械台班单价的60%计取，人员窝工补偿为50元/工日，人工窝工补偿、施工待用材料损失补偿、机械闲置补偿不计取管理费和利润；措施费按分部分项工程费的25%计取。（各费用项目价格均不包含增值税可抵扣进项税额）

　　施工前，施工单位向项目监理机构提交并经确认的施工网络进度计划，如题3-1图所示（每月按30天计）。

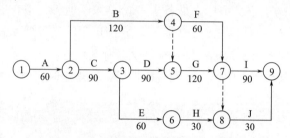

题3-1图　施工网络计划（单位：天）

　　该工程施工过程中发生如下事件：

　　事件1：基坑开挖工作（A工作）施工过程中，遇到了持续10天的季节性大雨，在第11天，大雨引发了附近的山体滑坡和泥石流。受此影响，施工现场的施工机械、施工材料、已开挖的基坑及围护支撑结构、施工办公设施等受损，部分施工人员受伤，经施工单位和项目监理机构共同核实，该事件中，季节性大雨造成施工单位A工作停工10天，人员窝工180工日，机械闲置60个台班。山体滑坡和泥石流事件使A工作停工30天，造成施工机械损失8万元，施工待用材料损失24万元（施工单位采购），建设单位临时设施损失30万元（另行发包），施工办公设施损失3万元，施工人员受伤损失2万元。修复基础工作发生分部分项人材机费用共21万元。灾后，核实施工单位A工作工期延期40天。

　　事件2：基坑开挖工作（A工作）完成后验槽时，发现基坑底部部分土质与地质勘察报告不符。地勘复查后，设计单位修改了基础工程设计，由此造成施工单位人员窝工150工日，机械闲置20个台班，修改后的基础分部工程增加人材机费用25万元。监理工程师批准A工作增加工期30天。

　　事件3：E工作施工前，业主变更设计增加了一项K工作，K工作持续时间为60天。根据施工工艺关系，K工作为E工作的紧后工作，为I、J工作的紧前工作，因K工作与原工程的工作内容和性质均不同，在已标价的工程量清单中没有适用也没有类似的项目，监理工程师编制了K工作的综合单价，经业主确认后，提交给施工单位作为结算的依据。

事件4：发生事件3后施工单位对进度计划进行了调整，将D、G、I工作的顺序施工组织方式改变为分段流水作业组织方式以缩短施工工期，流水节拍见题3-1表。

题3-1表　　　　　　　　　　　　　流水节拍　　　　　　　　　　（单位：月）

施工过程	流水段		
	①	②	③
D	30	30	30
G	30	60	30
I	30	30	30

问题：

1. 针对事件1，确定施工单位和业主在山体滑坡和泥石流事件中各自应承担损失的内容；列式计算施工单位可以获得的费用补偿数额，确定项目监理机构应批准的工期延期天数，并说明理由。

2. 事件2中，应给施工单位的窝工补偿费用为多少万元？修改后的基础分部工程增加的工程造价为多少万元？

3. 针对事件3，绘制批准A工作工期索赔和增加K工作后的施工网络进度计划；指出监理工程师做法的不妥之处，说明理由并写出正确做法。

4. 事件4中，按分段组织D、G、I工作流水施工的工期为多少天？施工单位可获得的工期提前奖励金额为多少万元？

（费用结果以万元为单位，保留三位小数）

试题四：

某工程项目发包人与承包人签订了施工合同，工期5个月。工程内容包括A、B、C三项分项工程，投标综合单价分别为240.00元/m³，550.00元/m³，380.00元/m³；管理费和利润为人材机费用之和的12%，规费为人材机费用、管理费和利润之和的7%，增值税税率为9%。各分项工程计划和实际进度见题4-1表。措施项目费用9万元（其中含安全文明施工费3万元），暂列金额12万元。

题4-1表　　　　　　　　分项工程造价数据与施工进度计划表

分项工程				施工进度计划（单位：月）实线：计划进度 虚线：实际进度				
名称	工程量	综合单价	合价（万元）	1	2	3	4	5
A	800m³	240元/m³	19.20					

续表

分项工程				施工进度计划（单位：月） 实线：计划进度 虚线：实际进度				
名称	工程量	综合单价	合价（万元）	1	2	3	4	5
B	1200m³	550元/m³	66.00					
C	1500m³	380元/m³	57.00					
合计			142.20	计划与实际施工均为匀速进度				

有关工程价款结算与支付的合同约定如下：

1. 开工日 10 天前，发包人应向承包人支付合同价款（扣除暂列金额和安全文明施工费）的 20% 作为工程预付款，工程预付款在第 3、4、5 月的工程价款中平均扣回。

2. 开工日 10 天前，发包人应向承包人支付安全文明施工费的 60%（全额支付，不扣预留金）。剩余部分和其他措施项目费用在第 2、3、4 月平均支付。

3. 当某个分项工程工程量增加（或减少）幅度超过 15% 时，全部工程量都调整综合单价，调整系数为 0.9（或 1.1）；措施项目费按无变化考虑。

4. 发包人按每月承包人应得工程进度款的 90% 支付。

5. 竣工验收通过后的 60 天内进行工程竣工结算，竣工结算时扣除工程实际总价的 3% 作为工程质量保证金，剩余工程款一次性支付。

该工程如期开工，施工中发生了经承发包双方确认的以下事项：

1. A 分项工程开工时即由双方确认实际工程量为 1000m³，第 2 个月发生现场计日工的人材机费用 6.8 万元，工作持续时间无变化。

2. C 分项工程项目特征变化调整，经双方协商确定实际结算价为 400 元/m³。

3. 第 4 个月发生现场签证零星工作费用 2.8 万元。

（以上费用不含有可抵扣的进项税）

问题：

1. 合同价为多少万元？材料预付款是多少万元？开工前支付的安全文明施工费工程款是多少万元？

2. 求 A 分项工程的实际分项工程费和分项工程价款是多少？

3. 2、3、4 月份完成的实际工程款是多少万元？业主应付的工程款是多少万元？（当月支付的措施费计入当月完成的工程款中）

4. 列式计算第 3 月末累计分项工程项目拟完工程计划投资、已完工程计划投资、已完工程实际投资，并分析进度偏差（金额表示）与投资偏差。

5. 列式计算工程实际造价及竣工结算价款。

（计算过程及结果均保留三位小数）

试题五：

本试题共分三个专业（Ⅰ土木建筑工程、Ⅱ管道和设备工程、Ⅲ电气和自动化控制工程），任选其中一题作答。

Ⅰ.土木建筑工程

某造价工程咨询事务所的造价工程师面临 A、B、C、D 四个项目要分别开展量价的计算工作。其中 A 项目为基坑支护工程，B 项目为楼梯工程，C 项目为综合单价调价计算，D 项目为竣工结算文件的编制。基本信息如下：

A 项目为某边坡工程，采用土钉支护，根据岩土工程勘察报告，地层为带块石的碎石土，土钉成孔直径为 90mm，采用 1 根 HRB335，直径 25 的钢筋作为杆体，成孔深度为 10.0m，土钉入射倾角为 15°，杆筋送入钻孔后，灌注 M30 水泥砂浆。混凝土面板采用 C20 喷射混凝土，厚度为 120mm，如题 5-1-1 图所示。

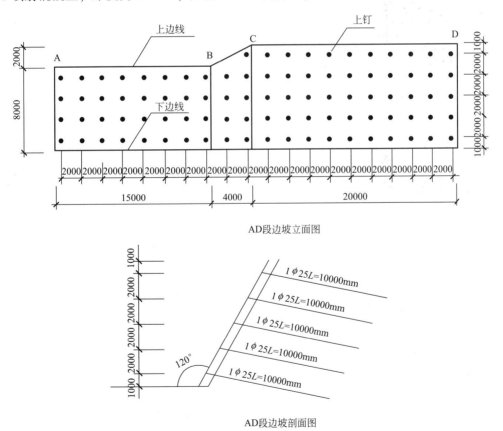

AD段边坡立面图

AD段边坡剖面图

题 5-1-1 图　混凝土面板

B 项目为某住宅楼楼梯布置如题 5-1-2 图~题 5-1-4 图所示，混凝土强度均为 C25，商品混凝土。

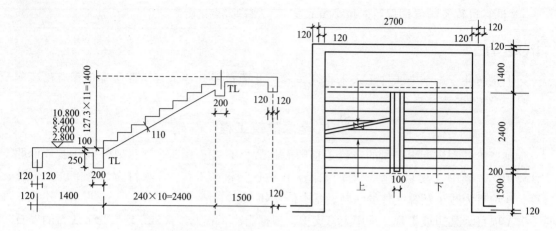

题 5-1-2 图　某现浇混凝土楼梯梯段详图　　　　题 5-1-3 图　某现浇混凝土楼梯平面投影图

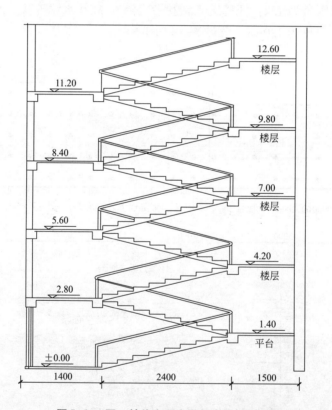

题 5-1-4 图　某住宅现浇混凝土楼梯剖面图

　　C 项目为某体育馆项目的基础工程，该施工企业内部相关单位工程量人材机消耗定额及实际掌握项目所在地除税价格见题 5-1-1 表"企业内部单位工程量人材机消耗定额"。已知 C30 商品混凝土独立基础清单量为 4854m³，C30 商品混凝土矩形柱清单量为 1292.40m³。实际施工工程中，钢筋混凝土独立基础和矩形基础柱使用的 C30 混凝土变更为 C40 混凝土（消耗定额同 C30 混凝土，除税价 480.00 元/m³），其他条件均不变。

题 5-1-1 表　　　　　　　　企业内部单位工程量人材机消耗定额

项目名称		单位	除税价（元）	分部分项工程内容	
				C30 独立基础（m³）	C30 矩形柱（m³）
人材机	工日（综合）	工日	110.00	0.60	0.70
	C30 商品混凝土	m³	460.00	1.02	1.02
	其他辅助材料费	元	—	12.00	13.00
	机械使用费（综合）	元	—	3.90	4.20

D 项目分部分项工程费用的清单竣工结算金额 1600000.00 元，单价措施项目清单结算金额为 18000.00 元取定，安全文明施工费按分部分项工程结算金额的 3.5% 计取，其他项目费为零，人工费占分部分项工程及措施项目费的 13%，规费按人工费的 21% 计取，增值税率按 9% 计取。

问题：

1. 根据现行国家标准《建设工程工程量清单计价规范》GB 50500、《房屋建筑与装饰工程工程量计算规范》GB 50854，试计算 A 项目中土钉、喷射混凝土分部分项工程的清单工程量（不考虑挂网及锚杆、喷射平台等内容），按题 5-1-2 表填写。

题 5-1-2 表　　　　　　　　清单工程量计算表

序号	清单项目编码	清单项目名称	计算式	工程量合计	计量单位
1	010202008001	土钉			
2	010202009001	喷射混凝土			

2. 根据现行国家标准《建设工程工程量清单计价规范》GB 50500、《房屋建筑与装饰工程工程量计算规范》GB 50854，计算该楼梯的混凝土工程量。

3. 列式计算 C 项目 C40 商品混凝土消耗量、C40 与 C30 商品混凝土除税价差，以及由于商品混凝土价差产生的该分部分项工程人、材、机增加费。

4. 按《建设工程工程量清单计价规范》GB 50500 的要求，列式计算 D 项目安全文明施工费、措施项目费、规费、增值税，并在题 5-1-3 表"单位工程竣工结算汇总表"中编制该土建装饰工程结算。

（计算结果保留两位小数）

题 5-1-3 表　　　　　　　　单位工程竣工结算汇总表

序号	项目名称	金额
1	分部分项工程费	
2	措施项目费	
2.1	单价措施费	
2.2	安全文明施工费	

续表

序号	项目名称	金额
3	规费	
4	增值税	
	单位工程合计	

Ⅱ.管道和设备工程

管道工程有关背景资料如下：

1. 某化工厂试验办公楼的集中空调通风管道系统如题 5-2-1 图所示。

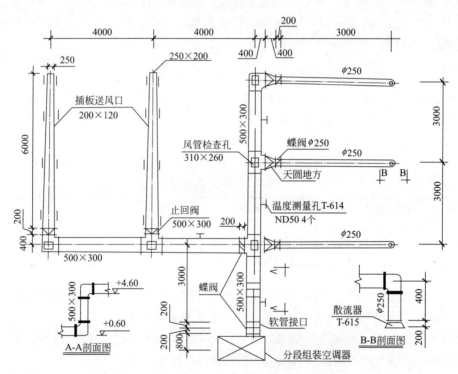

题 5-2-1 图　集中空调通风管道系统布置图

说明：

（1）集中空调通风管道系统的设备为分段组装式空调器，落地安装，空调支架用角钢按 47.05kg 计，其中施工损耗为 4%；图中标注尺寸标高以 m 计，其他均以 mm 计。

（2）风管及其管件采用镀锌钢板（δ=0.75mm，咬口连接）现场制作安装。

（3）风管系统中的软管接口、风管检查孔、温度测定孔、插板式送风口为现场制作安装。阀门、散流器为成品供应现场安装。

（4）风管法兰、加固框、吊托支架制作安装，除锈后刷油两遍。每 10m² 通风管道制安中，风管法兰、加固框、吊托支架耗用钢材按 52.00kg 计，其中施工损耗为 4%；每 100kg 风管法兰、加固框、吊托支架除锈后刷防锈漆两遍耗用防锈漆 2.5kg。

（5）风管保温本项目不考虑。

2. 假设集中空调通风管道系统工程量如下：

矩形风管 500×300 40m²、渐缩风管 500×300/250×200 18m²、圆形风管 10m²。

3. 集中空调通风管道系统相关分部分项工程量清单项目的统一编码见题 5-2-1 表。

题 5-2-1 表　　　　　　　　分部分项工程量清单项目的统一编码

项目编码	项目名称	项目编码	项目名称
030701003	空调器	030703001	碳钢阀门
030702001	碳钢通风管道	030703007	碳钢风口、散流器
030702004	铝板通风管道	030703019	柔性接口
030702010	风管检查孔	030704001	通风工程检测、调试
030702011	温度、风量测定孔	030704002	风管漏光试验、漏风试验

4. 该工程的安装定额相关数据资料见题 5-2-2 表。

题 5-2-2 表　　　　　　　　安装定额相关数据资料

定额编号	项目名称	单位	安装基价（元）			未计价主材	
			人工费	材料费	机械费	单价	耗量
9-7	矩形风管 $\delta=0.6mm$ 长边长 450mm 以内	10m²	662.18	168.84	29.36		11.38
9-8	矩形风管 $\delta=0.75mm$ 长边长 1000mm 以内		497.20	181.13	17.03		11.38
9-257	组合式空调机组 20000m³/h 以内	台	1289.33	25.21	271.13	28000 元/台	
9-226	50kg 以内设备支架制作、安装	100kg	685.91	326.23	29.75		
9-227	50kg 以外设备支架制作、安装	100kg	358.21	296.18	16.93		

注：1. 表内费用均不包含增值税可抵扣进项税额。

　　2. 该工程的人工费单价综合为 130 元/工日，管理费和利润分别按人工费的 55%、45% 计。

5. 材料设备表见题 5-2-3 表所示。

题 5-2-3 表　　　　　　　　材料设备表

序号	名称	规格型号	长度（mm）
1	空调器	分段式组装，落地安装，ZK-20000	
2	矩形风管	500×300	图示
3	渐缩风管	500×300/250×200	图示

续表

序号	名称	规格型号	长度（mm）
4	圆形风管	φ250	图示
5	矩形蝶阀	500×300	200
6	矩形止回阀	500×300	200
7	圆形蝶阀	φ250	200
8	插板送风口	200×120	
9	散流器	φ250	200
10	风管检查孔	310×260T-614	
11	温度测定孔	DN50　T-615	
12	软管接口	500×300	200

问题：

1. 根据《通用安装工程工程量计算规范》GB 50856 的规定，按照题 5-2-1 图所示内容，在答题卡上列式计算三种通风管道的清单工程量，矩形风管 500×300 上镀锌钢板消耗量，矩形风管上风管法兰、加固框、吊托支架的净用量及相应支架上的刷油消耗量。

2. 根据背景资料 2、3，以及题 5-2-1 图及规定的管道安装技术要求，编列完成分部分项工程量清单，填入题 5-2-4 表"分部分项工程和单价措施项目清单与计价表"中。

题 5-2-4 表　　　　　分部分项工程和单价措施项目清单与计价表

工程名称：某化工厂试验办公楼　　　标段：集中空调通风管道系统安装　　第 1 页　共 1 页

序号	项目编码	项目名称	项目特征描述	计量单位	工程量	金额（元）	
						综合单价	合价

3. 根据《通用安装工程工程量计算规范》GB 50856、《建设工程工程量清单计价规范》GB 50500 规定，按照背景资料 2、3、4 中的相关数据，编制空调器安装项目的"综合单价分析表"，填入题 5-2-5 表中。

4. 假设承包商购买材料时增值税进项税率为 13%、机械费增值税进项税率为 15%（综合）、管理和利润增值税进项税率为 5%（综合）；当镀锌钢板由发包人采购时，圆形风管 $\phi250$ 安装清单项目不含增值税可抵扣进项税额的全费用综合单价的人工费、材料费、机械费分别为 38.00 元、30.00 元、25.00 元，规费按人工费的 20% 计取。列式计算圆形风管 $\phi250$ 安装清单项目对应的全费用单价，以及承包商应承担的增值税应纳税额（单价）。

（计算结果均保留两位小数）

题 5-2-5 表 综合单价分析表

工程名称：通风空调系统

项目编码		项目名称				计量单位		工程量	
清单综合单价组成明细									
定额编号	定额名称	定额单位	数量	单价（元）				合价（元）			
				人工费	材料费	机械费	管理费和利润	人工费	材料费	机械费	管理费和利润
人工单价			小计								
			未计价材料费								
		清单项目综合单价									
材料费明细	主要材料名称、规格、型号		单位		数量		单价（元）	合价（元）	暂估单价（元）	暂估合价（元）	
	其他材料费										
		材料费小计									

Ⅲ. 电气和自动化控制工程

工程背景资料如下：

1. 题 5-3-1 图所示为某标准厂房防雷接地平面图。

2. 防雷接地工程的相关定额见题 5-3-1 表。

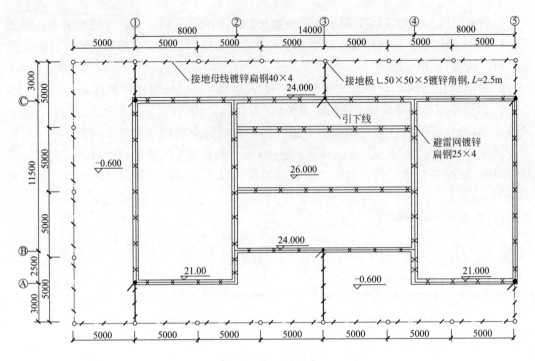

题5-3-1图　标准厂房防雷接地平面图

说明：

1. 室内外地坪高差0.60m，不考虑墙厚，也不考虑引下线与避雷网、引下线与断接卡子的连接耗量。

2. 避雷网采用25×4镀锌扁钢，沿屋顶女儿墙敷设。

3. 引下线利用建筑物柱内主筋引下，每一处引下线均需焊接2根主筋，每一引下线离地坪1.8m处设一断接卡子。

4. 户外接地母线均采用40×4镀锌扁钢，埋深0.7m。

5. 接地极采用∟50×50×5镀锌角钢制作，L=2.5m。

6. 接地电阻要求小于10Ω。

7. 图中标高单位以"m"计，其余均为"mm"。

题5-3-1表　　　　　　防雷接地工程的相关定额

定额编号	项目名称	定额单位	安装基价（元）			主材	
			人工费	材料费	机械费	单价	损耗率（%）
2-691	角钢接地极制作、安装	根	50.35	7.95	19.26	42.40 元/根	3
2-748	避雷网安装	10m	87.40	34.23	13.92	3.90 元/m	5
2-746	避雷引下线敷设利用建筑物主筋引下	10m	77.90	16.35	67.41		
2-697	户外接地母线敷设	10m	289.75	5.31	4.29	6.30 元/m	5
2-747	断接卡子制作、安装	10 套	342.00	108.42	0.45		
2-886	接地网调试	系统	950.00	13.92	756.00		

注：表内费用均不包含增值税可抵扣的进项税额。

3. 该工程的管理费和利润分别按人工费的30%和10%计算，人工单价为95元/工日。

4. 相关分部分项工程量清单项目统一编码见题5-3-2表。

题5-3-2表　　　　　　相关分部分项工程量清单项目统一编码

项目编码	项目名称	项目编码	项目名称
030409001	接地极	030409005	避雷网
030409002	接地母线	030414011	接地装置调试
030409003	避雷引下线		

问题：

1. 按照背景资料1~4和题5-3-1图所示内容，根据《建设工程工程量清单计价规范》GB 50500和《通用安装工程工程量计算规范》GB 50856的规定，分别列式计算避雷网、避雷引下线（利用建筑物主筋作引下线不计附加长度）和接地母线的工程量，将计算式与结果填写在答题卡上，并在题5-3-3表"分部分项工程和单价措施项目清单与计价表"中计算和编制各分部分项工程的综合单价与合价。

2. 设定该工程"避雷引下线"项目的清单工程量为120m，其余条件均不变，根据背景材料2中的相关定额，在题5-3-4表"综合单价分析表"中，计算该项目的综合单价。

3. 假定该分部分项工程费为185000.000元；单价措施项目费为25000.00元；总价措施项目仅考虑安全文明施工费，安全文明施工费按分部分项工程费的4.5%计取；发包人提供的材料为30000元；暂列金额为10036.00元，材料暂估价为3213.00元，专业工程暂估价为24765.00元，计日工为905.22元，总承包服务费率（发包人发包专业工程）按3.5%计，总承包服务费率（发包人提供材料）按1%计；人工费占分部分项工程及措施项目费的8%，规费按人工费的24%计取；增值税税率按9%计取。按《建设工程工程量清单计价规范》GB 50500的要求，列示计算安全文明施工费、措施项目费、规费、增值税，并在题5-3-5表"单位工程招标控制价汇总表"中编制该单位工程招标控制价。

（计算过程和结果均保留两位小数）

题5-3-3表　　　　　　分部分项工程和单价措施项目清单与计价表

工程名称：标准厂房　　　　　　　标段：防雷接地工程

序号	项目编码	项目名称	项目特征描述	计量单位	工程量	综合单价	合价	其中：暂估价

续表

序号	项目编码	项目名称	项目特征描述	计量单位	工程量	金额（元）		
						综合单价	合价	其中：暂估价
合计								

题 5-3-4 表　　　　　　　　　　　综合单价分析表

工程名称：标准厂房　　　　　　　　标段：防雷接地工程

项目编码		项目名称		计量单位		工程量	
清单综合单价组成明细							
定额编号	定额项目名称	定额单位	数量	单价				合价			
				人工费	材料费	机械费	管理费和利润	人工费	材料费	机械费	管理费和利润
人工单价		小计									
未计价材料费											
清单项目综合单价											
材料费明细	主要材料名称、规格、型号		单位		数量		单价（元）	合价（元）	暂估单价（元）	暂估合价（元）
	其他材料费						—		—	
	材料费小计						—		—	

题 5-3-5 表　　　　　　　　　　　单位工程招标控制价汇总表

序号	项目名称	金额（元）
1	分部分项工程费	
2	措施项目	
2.1	其中：安全文明施工费	
3	其他项目	
3.1	暂列金额	
3.2	材料暂估价	
3.3	专业工程暂估价	

续表

序号	项目名称	金额（元）
3.4	计日工	
3.5	总包服务费	
4	规费	
5	税金	
	招标控制价	

黑白卷

模拟题五

试题一：

某企业拟建一个市场急需的电子产品项目，项目建设的基本数据如下：

1. 该项目建设期 2 年，运营期 6 年。项目投产第一年可获得当地政府扶持该产品生产的补贴收入 150 万元。

2. 项目建设总投资估算 2000 万元，在建设期内均衡投入，预计全部形成固定资产（包含可抵扣固定资产进项税额 90 万元），固定资产使用年限 10 年，按直线法折旧，期末净残值 350 万元，固定资产余值在项目运营期末收回。

3. 建设投资的 40% 为自有资金，60% 为贷款，还款方式为：运营期的前 4 年等额还本付息。借款利率为 6%（按年计息）。

4. 流动资金为 500 万元，全部为自有资金，在项目运营期的第一年投入，运营期末全部收回。

5. 正常年份年营业收入为 1500 万元（其中销项税额为 145 万），经营成本为 460 万元（其中进项税额为 34 万）；税金附加按应纳增值税的 9% 计算，所得税税率为 25%；行业所得税后基准收益率为 10%，基准投资回收期为 8 年。

6. 投产第一年仅达到设计生产能力的 80%，预计这一年的营业收入及其所含销项税额、经营成本及其所含进项税额均为正常年份的 80%；以后各年均达到设计生产能力。

问题：

1. 列式计算融资前年固定资产折旧、固定资产余值。

2. 列式计算第三年的应纳增值税及增值税附加、第三年的调整所得税。

3. 编制拟建项目投资现金流量题 1-1 表，计算项目的静态投资回收期、财务净现值，并评价项目的财务可行性。

题 1-1 表 项目投资现金流量表（单位：万元）

序号	项目	建设期		运营期					
		1	2	3	4	5	6	7	8
1	现金流入								
1.1	营业收入（不含销项税额）								
1.2	销项税额								

续表

序号	项目	建设期		运营期					
		1	2	3	4	5	6	7	8
1.3	补贴收入								
1.4	回收固定资产余值								
1.5	回收流动资金								
2	现金流出								
2.1	建设投资								
2.2	流动资金投资								
2.3	经营成本（不含进项税额）								
2.4	进项税额								
2.5	应纳增值税								
2.6	增值税附加								
2.7	维持运营投资								
2.8	调整所得税								
3	所得税后净现金流量								
4	累计税后净现金流量								
5	折现系数（10%）	0.9091	0.8264	0.7513	0.6830	0.6209	0.5645	0.5132	0.4665
6	折现后净现金流								
7	累计折现净现金流量								

4. 列式计算融资后的建设期贷款利息、年固定资产折旧、固定资产余值。

5. 编写借款还本付息题1-2表，列式计算第三年的所得税。

题1-2表　　　　　　借款还本付息表（单位：万元）

项目	计算期					
	1	2	3	4	5	6
期初借款余额						
当期还本付息						
其中：还本						
付息						
期末借款余额						

6. 从项目资本金角度，列式计算计算期第三年的折现后净现金流量。
（计算结果均保留两位小数）

试题二：

某地区的某国有资金投资项目拟进行施工招投标，基本情况如下：

招标控制价为 210 万元，2018 年 10 月 25 日 13 时开始发售招标文件。投标须知前附表部分内容详见题 2-1 表。

题 2-1 表　　　　　　　　　　　　投标须知

条款号	条款名称	编制内容
1.3.2	计划工期	30 周
1.9.1	踏勘现场	不组织
1.11	分包	中标人必须将绿化工程分包给本市园林绿化公司
2.2.2	投标截止时间	2018 年 11 月 10 日 13 时
3.3.1	投标有效期	2019 年 2 月 10 日
3	投标保证金	形式：现金支票；金额：10 万元
3.5.2	近年财务状况的年份要求	3 年
3.7.3	签字或盖章要求	单位公章、法人签字
3.4.1	开标时间	2018 年 11 月 20 日 9 时
6.1.1	评标委员会组建	委员 7 人，其中招标代表 5 人，技术与经济专家各 1 人
7.3.1	履约担保	形式：银行保函；金额：招标控制价的 10%

某施工单位决定参与该工程的投标，计划工期 30 周，投标报价 200 万元，施工网络进度计划如题 2-1 图所示，施工中可压缩工作的工期及费用详见题 2-2 表。

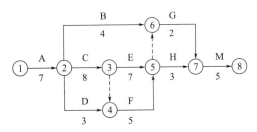

题 2-1 图　施工进度计划

题 2-2 表　　　　　　　　　可压缩工作的工期及费用

工作名称	A	B	C	E	H	M
可压缩时间（周）	1	1	2	2	3	2
压缩 1 周增加的费用（万元/周）	3	1.5	2.5	5.5	6	2

招标文件规定：评标采用"经评审的最低投标价法"，工期不得超过 30 周，施工单位自报工期在 30 周基础上，每提前 1 周，其总报价降低 4 万元作为经评审的报价。

问题：

1. 投标须知前附表的内容有哪些不妥？为什么？

2. 指出施工单位原网络进度计划中的关键线路和关键工作。为争取中标，该施工单位应如何赶工，赶工后其投标报价和工期各为多少？

3. 该施工单位按问题2投标后，其评审价为多少万元？如果中标，签约合同价为多少万元？

（计算结果保留两位小数）

试题三：

某政府投资建设工程项目，采用《建设工程工程量清单计价规范》GB 50500 计价方式招标，发包方与承包方签订了施工合同，合同工期为110天（5月1日~8月18日）。

施工合同中约定：

（1）工期每提前（或拖延）1天，奖励（或罚款）3000元（含税费）。

（2）各项工作实际工程量在清单工程量变化幅度±15%以外的，调价系数为0.95和1.05；变化幅度在±15%以内的，综合单价不予调整。

（3）发包方原因造成机械闲置，其补偿单价按照机械台班单价的50%计算；人员窝工补偿单价，按照50元/工日计算。因发生甲方的风险事件导致的工人窝工和机械闲置费用，只计取规费和税金，因甲方的责任事件导致的工人窝工和机械闲置，除计取规费和税金外，还应补偿现场管理费，按人工费和机械费之和的5%计算现场管理费。

（4）规费和增值税合计综合税率18%，以不含规费税金的人材机管理费和利润为基数。

工程项目开工前，承包方按时提交了施工方案及施工进度计划，施工进度计划如题3-1图所示，所有工作都按最早开始时间安排，并获得发包方工程师的批准。

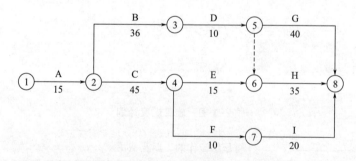

题 3-1 图　施工进度计划

该工程项目施工中依次发生如下事件：

事件1：工作A、C、E、I需要使用同一台机械施工，该机械的台班单价为1000元/台班。

事件2：5月1日由于区域停电，工作A迟开工6天，承包商10名工人窝工6天。

事件3：工作B施工中，因设计方案调整，导致B工作持续时间延误12天，造成承包方人员窝工 120 个工日。

事件 4：工作 E 由于设计变更工程量由 450m³（综合单价 400 元/m³）增至 600m³。

事件 5：工作 H 施工中，受到持续特殊高温天气（合同约定为不可抗力），工作效率下降，使该工作拖延 5 天，窝工 20 个工日。

事件 6：工作 I 施工中，承包商采购了业主推荐的某设备制造厂生产的工程设备，设备到场后检验发现缺少一关键配件，使该设备无法正常安装，导致工作 I 作业时间拖延 2 天，窝工人工费损失 2000 元，窝工机械费损失 1500 元。

上述事件发生后，承包方及时向发包方提出了索赔并得到了相应的处理。

问题：

1. 根据事件 1 的要求重新绘制施工进度计划。为控制工期，施工单位应主要控制哪些工作？

根据该进度安排，事件 1 中的施工机械是否是最经济的安排方式？按照最经济的安排方式，该施工机械应第几天进场？第几天离场？

2. 承包方是否可以分别就事件 2~6 向发包人提出工期和费用索赔？说明理由。

3. 承包方可得到的合理工期补偿为多少天？该工程的实际工期是多少天？工期奖罚为多少元？

4. 承包方可得到总的费用索赔为多少？

（计算过程和结果均以元为单位，结果取整）

试题四：

某工程采用工程量清单招标方式确定了中标人，业主和中标人签订了单价合同。合同内容包括六项分项工程，其分项工程工程量、费用和计划作业时间，见题 4-1 表。总价措施项目费用 30 万元，其中安全文明施工费 20 万元，暂列金额 18 万元；甲方供应材料 20 万元（总包服务费率为 1%，用于分项工程 D）；管理费、利润与风险费以人工费、材料费、机械费之和为计算基数，费率为 15%；规费、税金以分项工程、总价措施项目和其他项目之和为计算基数，费率为 18%；合同工期为 8 个月，工期奖罚 5 万元/月（含税费）。

题 4-1 表　　　分项工程工程量、费用和计划作业时间明细表

分项工程	A	B	C	D	E	F
总工程量	600m³	680m³	800m³	120t	760m³	400m³
计划综合单价	1200（元/m³）	300（元/m³）	800（元/m³）	3000（元/t）	200（元/m³）	350（元/m³）
分项工程费（万元）	72	20.4	64	36	15.2	14
计划起止时间	1~3	1~2	4~5	3~6	3~4	7~8
实际起止时间	1~3	1~3	4~5	4~7	4~6	8~9

有关工程价款支付条件如下：

1. 开工前业主向承包商支付分项工程合同价的 25% 作为材料预付款，在开工后的第 4~7 月平均扣回；

2. 安全文明施工费工程款于开工前支付 70%，剩余的 30% 和其他总价措施费第 1~5 个月平均支付；

3. 分项工程实际工程量超过计划工程量的 ±15% 以上时，该分项工程超出部分的工程量的综合单价调整系数为 0.951.05；

4. 业主每次支付承包商应得工程款的 90%；

5. 工程质量保证金为实际造价的 3%，竣工结算时一次扣留。

工程施工期间，经监理人核实的有关事项如下：

1. 第 5 个月发生现场签证计日工人材机费用 5 万元；

2. 分项工程 C 开工前因设计变更增加工程量 200m³，不考虑增加措施费也不影响工期；

3. 甲供材料在分项工程 D 上均匀使用；

4. 其余作业内容及时间没有变化，每项分项工程在施工期间各月匀速施工，施工单位延误 1 个月。

问题：

1. 该工程合同价为多少万元？业主在开工前应支付给承包商的材料预付款、安全文明施工费工程款分别为多少万元？

2. 列式计算第 3 个月末分项工程的进度偏差（用投资表示）。

3. 列式计算第 5 个月业主应支付承包商的工程进度款为多少万元？

4. 该工程实际总造价为多少万元？假设竣工结算前业主支付给施工单位 210 万工程款（不含材料预付款），竣工结算尾款是多少万元？

（以万元为计算单位，计算结果保留三位小数）

试题五：

本试题共分三个专业（Ⅰ 土木建筑工程、Ⅱ 管道和设备工程、Ⅲ 电气和自动化控制工程），任选其中一题作答。

Ⅰ. 土木建筑工程

某工程施工图纸如题 5-1-1 图~题 5-1-3 图所示，砖混结构，室外地坪标高为 -0.150m，门窗详见题 5-1-1 表，均不设门窗套。工程做法、装饰做法详见题 5-1-2 表~题 5-1-3 表。某施工企业投标并中标了该工程。

计算说明：

（1）内墙门窗侧面、顶面和窗底面均刷乳胶漆，并入内墙面刷乳胶漆项目内。

（2）外墙门窗侧面、顶面和窗底面均贴块料，计入块料零星项目。

（3）外墙门窗侧面的保温工程量，并入外墙面保温层项目内。

（4）为简便计算，所有涉及外门窗侧壁的面积和均按 3.4m² 计，内门窗侧壁的面积和均按 5.8m² 计。

（5）门洞侧壁不计算踢脚线。

题 5-1-1 表 　　　　　　　　　门窗表

名称	代号	洞口尺寸
成品钢制防盗门	M1	900×2100
成品实木门	M2	800×2100
塑钢推拉窗	C1	3000×1800
塑钢推拉窗	C2	1800×1800

题 5-1-2 表 　　　　　　　　　工程做法一览表

序号	工程部位	工程做法
1	内外墙	±0.00~3.00 标高，标准实心砖，水泥混合砂浆 M7.5，墙厚 240mm
2	女儿墙	墙厚 240mm，高度 560mm，标准实心砖，M5 水泥砂浆，其顶部设 240mm×60mm 混凝土压顶 C20
3	混凝土楼板	100mm，C25，预拌混凝土
4	屋面防水	2% 平屋顶，二毡三油 SBS 防水卷材，泛水高度 300mm
5	屋面保温	泡沫混凝土板厚 120mm，其下 5mm 厚防水砂浆找平
6	外墙外保温	粘贴高度：-0.15 标高至女儿墙压顶 外墙外保温做法： （1）砖墙外抹 20mm 厚 1：3 水泥砂浆； （2）10mm 厚 1：1（重量比）水泥专用胶粘剂； （3）60mm 厚挤塑聚苯板
7	圈梁	屋顶 3.00 标高沿 240 厚内外墙均设置圈梁，圈梁截面尺寸 240mm×240mm，C20
8	构造柱	截面尺寸 240mm×240mm，C20，内外墙构造柱高至顶层圈梁顶面，女儿墙构造柱伸入压顶顶面

题 5-1-3 表 　　　　　　　　　装饰做法一览表

序号	工程部位	装饰做法
1	地面	（1）面层 20mm 厚 1：2 水泥砂浆地面压光； （2）垫层为 100mm 厚 C10 素混凝土垫层（中砂，砾石 5~40mm）； （3）素土夯实
2	踢脚线	（1）面层：6mm 厚 1：2 水泥砂浆抹面压光； （2）底层：20mm 厚 1：3 水泥砂浆； （3）踢脚线高 150mm
3	内墙面	（1）面层：刷内墙乳胶漆三遍（底漆一遍，面漆两遍）； （2）满刮普通成品腻子膏两遍； （3）抹灰面层：5mm 厚 1：0.5：3 水泥石灰砂浆罩面压光； （4）抹灰底层：基层上刷素水泥浆一遍，15mm 厚 1：1：6 水泥石灰砂浆； （5）踢脚线处不刷涂料

续表

序号	工程部位	装饰做法
4	吊顶	（1）木吊杆；轻钢龙骨； （2）纸面石膏板 1200×2400×12； （3）吊顶底标高为 2.7m
5	外墙面	（1）粘贴高度：-0.15 标高至女儿墙压顶； （2）面层：粘贴 100mm×100mm×5mm 的白色外墙砖； （3）结合层：外保温系统上抹 8mm 厚 1：2 水泥砂浆

问题：

1. 根据现行建筑面积计算规范，计算该工程的建筑面积。

2. 根据以上背景资料以及现行国家标准《房屋建筑与装饰工程工程量计算规范》GB 50854，列式计算并补充完成该房屋建筑与装饰工程分部分项工程和措施项目清单表题 5-1-4 表。（计算结果保留两位小数）

题 5-1-4 表　　　　　　　　分部分项与单价措施项目清单表

序号	项目编码	项目名称	项目特征	单位	工程量
1	010507005001	压顶	240mm×60mm 混凝土压顶，C20	m^3	
2	010401003001	女儿墙	墙厚 240mm，高度 560mm，标准实心砖，M5 水泥砂浆	m^3	
3	010503004002	圈梁	C20，预拌混凝土	m^3	
4	010902001001	屋面卷材防水	二毡三油 SBS 防水卷材，泛水高度 300mm	m^2	
5	011001001001	屋面保温	泡沫混凝土板厚 120mm，其下 5mm 厚防水砂浆找平	m^2	
6	011001003001	外墙保温	砖墙外抹 20mm 厚 1：3 水泥砂浆；10mm 厚 1：1（重量比）水泥专用胶粘剂；60mm 厚挤塑聚苯板	m^2	
7	011101001001	水泥砂浆地面	（1）面层 20mm 厚 1：2 水泥砂浆地面压光； （2）垫层为 100mm 厚 C10 素混凝土垫层（中砂，砾石 5～40mm）； （3）素土夯实	m^2	
8	011105001001	踢脚线	（1）踢脚线高 150mm； （2）面层：6mm 厚 1：2 水泥砂浆抹面压光； （3）底层：20mm 厚 1：3 水泥砂浆	m^2	
9	011406001001	内墙面涂料	（1）面层刷内墙乳胶漆三遍（底漆一遍，面漆两遍）； （2）满刮普通成品腻子膏两遍； （3）抹灰面层 5mm 厚 1：0.5：3 水泥石灰砂浆罩面压光； （4）抹灰面底层 15mm 厚 1：1：6 水泥石灰砂浆； （5）踢脚线处不刷涂料	m^2	
10	011302001001	石膏板吊顶	（1）木吊杆；轻钢龙骨； （2）纸面石膏板 1200×2400×12； （3）吊顶底面标高为 2.7m	m^2	

续表

序号	项目编码	项目名称	项目特征	单位	工程量
11	011204003001	块料外墙面	(1) 面层：100mm×100mm×5mm 的白色外墙砖； (2) 结合层：外保温系统上抹 8mm 厚 1∶2 水泥砂浆； (3) 粘贴高度：-0.15~3.56 标高	m²	
12	011206002001	块料零星项目	面层：100mm×100mm×5mm 的白色外墙砖； 结合层：8mm 厚 1∶2 水泥砂浆粘贴； 位置：外门窗侧壁	m²	

3. 内墙面抹灰施工方案确定：抹灰高度至吊顶底标高以上 150mm，已知抹灰班组完成 100m² 所需的人工费、材料费、机械费分别为 1357.97 元、839.82 元、117.54 元，该工程的管理费率为 12%（以工料机之和为基数计算），利润率和风险系数为 30%（以人工费为基数计算）。列式计算内墙面抹灰工程的方案量与清单综合单价。

4. 假定施工过程中，业主要求承包商新增一项室外毛石护坡砌筑工程。承包商考虑到本企业没有相关定额，经决定采用工作日计时法编制该项工作的施工定额。现场测定资料反映该班组完成每立方米毛石砌体：

（1）工人基本工作时间为 7.9h，辅助工作时间、准备与结束时间、不可避免中断时间和休息时间等，分别占毛石砌体定额时间的 3%、2%、2% 和 16%。

（2）砂浆采用 400L 搅拌机现场搅拌，投料体积与搅拌机容量之比为 0.65，每循环一次所需时间为 6min，机械利用系数 0.8。

试确定砌筑每 10m³ 毛石护坡的人工定额和机械定额。

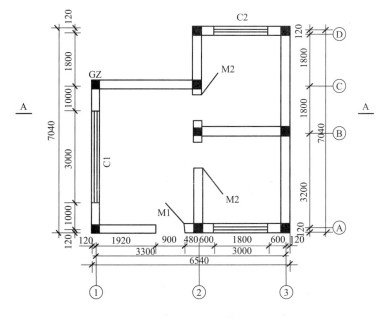

题 5-1-1 图　某工程平面图

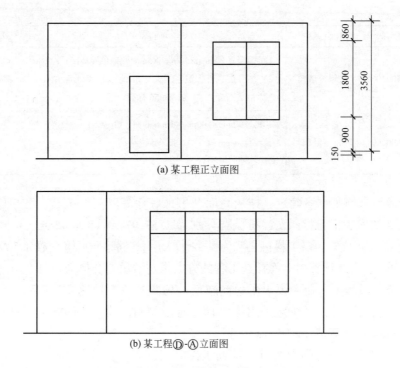

(a) 某工程正立面图

(b) 某工程①-⒜立面图

题 5-1-2 图　立面图

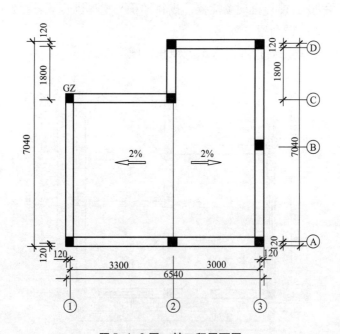

题 5-1-3 图　某工程屋面图

Ⅱ. 管道和设备工程

管道工程有关背景资料如下：

1. 某工厂办公楼卫生间给水排水施工图如题 5-2-1 图、题 5-2-2 图所示。

2. 假设按规定计算的该卫生间给水及中水管道和中水系统的阀门部分的清单工程量如下：PP-R 塑料管 *dn*40 10m，*dn*32 8m，镀锌钢管 *DN*32 6m，*DN*25 9m，中水管道系统中的阀门 J11T-10：*DN*40 4 个；*DN*25 2 个。其他安装技术要求和条件与题 5-2-1 图所示一致。

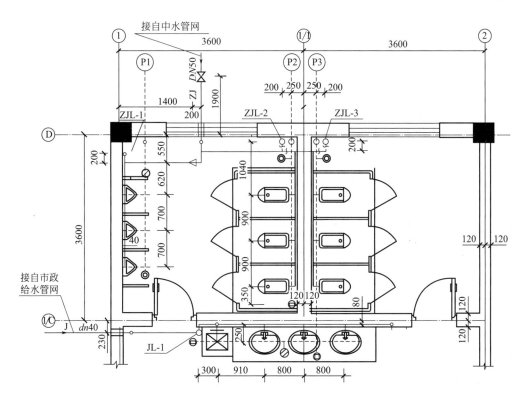

题 5-2-1 图　卫生间给水排水平面图±0.000、3.300、6.600

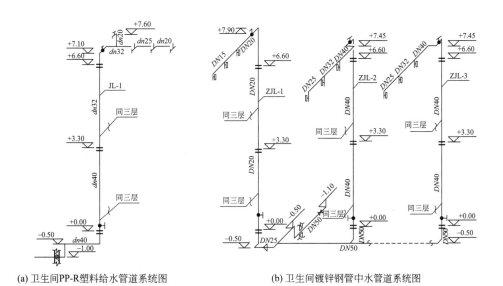

(a) 卫生间PP-R塑料给水管道系统图　　　　(b) 卫生间镀锌钢管中水管道系统图

题 5-2-2 图　卫生间给水排水施工图

说明：

1. 办公楼共三层，层高为 3.3m，墙厚为 240mm，柱的横截面尺寸为 400mm×400mm。图中尺寸标注标高以"m"计，其他均以"mm"计。

2. 卫生间盥洗室给水管道采用 PP-R 塑料管及成品管件，热熔连接。大小便冲洗的中水管道采用镀锌钢管及管件，螺纹连接。中水的干管为埋地，立管和支管均为明设。大小便器的中水横支管与墙体的中心距为 200mm。管道出入户穿外墙处设碳钢刚性防水套管。

3. 中水管道系统的阀门采用截止阀 J11T-10。给水管系统的阀门采用球阀 Q11F-16C；各类管道均采用成品管卡固定。

4. 成套卫生器具安装按标准图集 99S304 要求施工，所有附件均随卫生器具配套供应。洗脸盆为单柄单孔台上式安装；大便器为感应式冲洗阀蹲式大便器，小便器为感应式冲洗阀壁挂式安装，污水池为成品落地安装，污水池上装铜质水嘴。

5. 管道系统安装就位后，给水管道进行强度和严密性水压试验及水冲洗。

3. 给水排水工程相关分部分项工程量清单项目的统一编码见题 5-2-1 表。

题 5-2-1 表　　　　给水排水工程相关分部分项工程量清单项目的统一编码

项目编码	项目名称	项目编码	项目名称
031001001	镀锌钢管	031004014	给水附件
031001006	塑料管	031001007	复合管
031003001	螺纹阀门	031003003	焊接法兰阀门
031004003	洗脸盆	031004006	大便器
031004007	小便器	031002003	套管

4. 该工程给水（中水）管安装定额的相关数据资料见题 5-2-2 表。

题 5-2-2 表　　　　　　　安装定额的相关数据资料

定额编号	项目名称	单位	安装基价（元）			未计价主材	
			人工费	材料费	机械费	单价	耗量
10-1-15	DN32 镀锌钢管安装	10m	200.00	6.00	1.00	17.8 元/m	9.91m
	管件（综合）	个				5.00 元/个	9.83 个/10m
10-1-257	室外塑料管热熔安装 dn32	10m	55.00	32.00	15.00		
	PP-R 塑料管 dn32	m				10.00	10.2
	管件（综合）	个				4.00	2.83
10-1-325	室内塑料管热熔安装 dn32	10m	120.00	45.00	26.00		
	PP-R 塑料管 dn32	m				10.00	10.16
	管件（综合）	个				4.00	10.81
10-11-12	成品管卡安装	个	2.50	3.50		2.00 元/个	2.5 个/10m 管
10-11-81	套管制安	个	60.00	12.00	20.00		
	钢管	m				28.00 元/m	0.424m/个
10-11-121	管道水压试验	100m	266.00	80.00	55.00		

注：1. 表内费用均不包含增值税可抵扣进项税额。

2. 该工程的人工费单价（包括普工、一般技工和高级技工）综合为 100 元/工日，管理费和利润分别按人工费的 60%和 30%计算。

问题：

1. 按照题 5-2-1 图、题 5-2-1 图所示内容，分别列式计算卫生间给水以及中水系统中的管道和阀门安装项目分部分项清单工程量；管道工程量计算至支管与卫生器具相连的分支三通或末端弯头处止。

2. 根据背景资料 2、3 设定的数据和题 5-2-1 图、题 5-2-2 图中所示要求，按《通用安装工程工程量计算规范》GB 50856 的规定，分别依次编列出卫生间中水系统中镀锌钢管 $DN32$、$DN25$、给水 PP-R 塑料管 $dn40$、$dn32$ 和中水系统中所有阀门、卫生器具（不含墩布池）安装项目的分部分项工程量清单，并填入答题卡题 5-2-3 表"分部分项工程和单价措施项目清单与计价表"中。

3. 按照背景资料 2、3、4 中的相关数据和题 5-2-1 图、题 5-2-2 图中所示要求，根据《通用安装工程工程量计算规范》GB 50856 和《建设工程工程量清单计价规范》GB 50500 的规定，编制题 5-2-1 图、题 5-2-2 图中室内给水 PP-R 塑料管道 $dn32$ 的安装项目分部分项工程量清单的综合单价，并填入题 5-2-4 表"综合单价分析表"中。

题 5-2-3 表　　　　　　**分部分项工程和单价措施项目清单与计价表**

工程名称：某厂区　　　　标段：办公楼卫生间给水排水工程安装　　　　第 1 页　共 1 页

序号	项目编码	项目名称	项目特征描述	计量单位	工程量	金额（元）		
						综合单价	合价	其中：暂估价
本页小计								
合计								

注：各分项之间用横线分开。

题 5-2-4 表　　　　　　　　　　综合单价分析表

工程名称：某厂区　　　　　　标段：办公楼卫生间给水管道安装　　　第 1 页　共 1 页

项目编码		项目名称				计量单位		工程量			
清单综合单价组成明细											
定额编号	定额名称	定额单位	数量	单价				合价			
				人工费	材料费	机械费	管理费和利润	人工费	材料费	机械费	管理费和利润
人工单价			小计								
		未计价材料费									
清单项目综合单价											

材料费明细	主要材料名称、规格、型号	单位	数量	单价（元）	合价（元）	暂估单价（元）	暂估合价(元)
	其他材料费						
	材料费小计						

Ⅲ. 电气和自动化控制工程

工程背景资料如下：

1. 题 5-3-1 图为某配电间电气安装工程平面图，题 5-3-2 图为配电箱系统接线图及设备材料表，该建筑物为单层平屋面砖、混凝土结构，室内外高差为 0.3m，建筑物室内净高为 4.40m。

图中括号内数字表示线路水平长度，配管进入地面或顶板内深度均按 0.05m；穿管规格：2~3 根 BV2.5 穿 SC15，4~6 根 BV2.5 穿 SC20，4~6 根 BV16 穿 SC40，其余按系统接线图。

2. 该工程的相关定额、主材单价及损耗率见题 5-3-1 表。

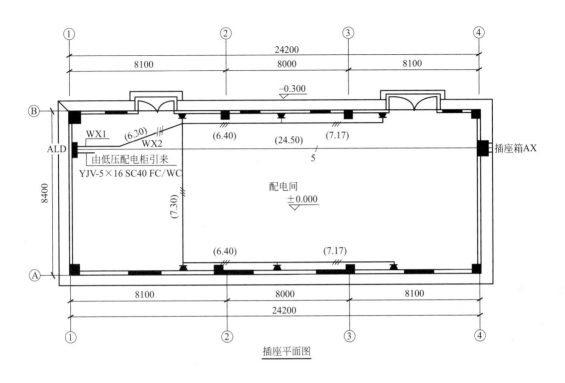

插座平面图

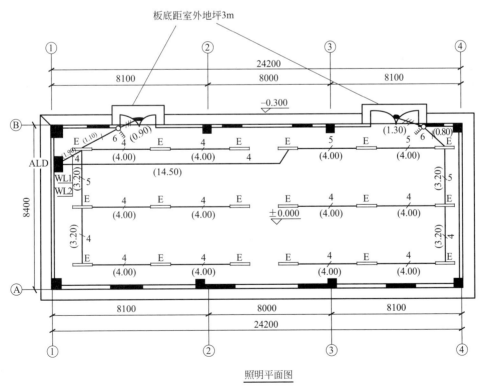

照明平面图

题 5-3-1 图　配电间电气安装工程平面图

主要设备材料表

序号	符号	设备名称	型号规格	单位	安装方式	备注
1	⊥	单相二、三极暗插座	86Z223-10	个	距地0.3m	
2	⚲	暗装四极开关	86K41-10	个	距地1.3m	
3	⌣	吸顶灯	节能灯22W φ350	个	吸顶	
4	▬E▬	双管荧光灯	2×28W	个	吸顶E为带应急装置	应急时间180min
5	▬▬	配电箱	ALD PZ30R-45	台	底边距地1.5m嵌入式	300(宽)×450(高)×120(深)
6	▬ ▬	插座箱AX	PZ30，300(宽)×300(高)×120(深)	台	嵌入式，安装高度底边离地0.5m	

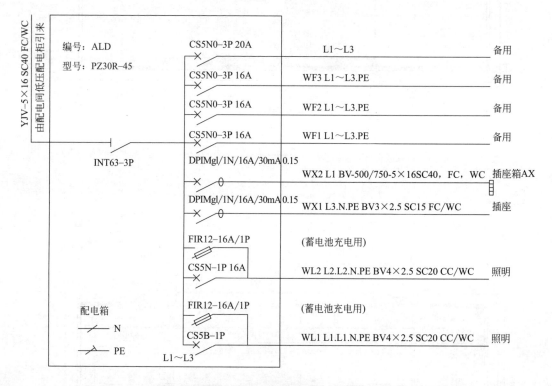

题5-3-2图　配电箱系统接线图、设备材料表

题5-3-1表　　　　　相关定额、主材单价及损耗率表

定额编号	项目名称	定额单位	安装基价（元）			主材	
			人工费	材料费	机械费	单价	损耗率（%）
4-2-76	成套配电箱安装嵌入式 半周长≤1.0m	台	102.30	34.40	0	1500.00 元/台	
4-2-75	成套插座箱安装嵌入式 半周长≤1.0m	台	102.30	34.40	0	500.00 元/台	

续表

定额编号	项目名称	定额单位	安装基价（元）			主材	
			人工费	材料费	机械费	单价	损耗率（%）
4-4-14	无端子外部接线 导线截面≤2.5mm²	个	1.20	1.44	0		
4-4-26	压铜接线端子 导线截面≤16mm²	个	2.50	3.87	0		
4-12-34	砖、混凝土结构暗配 钢管 SC15	10m	46.80	33.00	0	5.30 元/m	3
4-12-35	砖、混凝土结构暗配 钢管 SC20	10m	46.80	41.00	0	6.90 元/m	3
4-12-36	砖、混凝土结构暗配 钢管 SC40	10m	46.80	53.00	0	10.10 元/m	3
4-13-5	管内穿照明线 铜芯导线截面≤2.5mm²	10m	8.10	1.50	0	1.60 元/m	16
4-13-28	管内穿动力线导线截面≤16mm²	10m	8.10	1.80	0	11.50 元/m	5
4-14-2	吸顶灯具安装 灯罩周长≤1100mm	套	13.80	1.90	0	80.00 元/套	1
4-14-205	荧光灯具安装 吸顶式 双管	套	17.50	1.50	0	120 元/套	1
4-14-380	四联单控暗开关安装	个	7.00	0.80	0	15.00 元/个	2
4-14-401	单相带接地暗插座≤15A	个	6.80	0.80	0	10.00 元/个	2

注：表内费用均不包含增值税可抵扣进项税额。

3. 该工程的人工费单价（普工、一般技工和高级技工）综合为100元/工日，管理费和利润分别按人工费的40%和20%计算。

4. 相关分部分项工程量清单项目编码及项目名称见题5-3-2表。

题 5-3-2 表　　　相关分部分项工程量清单项目编码及项目名称表

项目编码	项目名称	项目编码	项目名称
030404017	配电箱	030411001	配管
030404018	插座箱	030411004	配线
030404034	照明开关	030412001	普通灯具
030404035	插座	030412005	荧光灯

问题:

1. 按照背景资料 1~4 和题 5-3-1 图、题 5-3-2 图所示内容，根据《建设工程工程量清单计价规范》GB 50500 和《通用安装工程工程量计算规范》GB 50856 的规定，计算各分部分项工程量，并将配管（SC15、SC20、SC40）、配线（BV2.5、BV16）的工程量计算式与结果填写在答题卡指定位置；计算各分部分项工程的综合单价与合价，编制完成题 5-3-3 表"分部分项工程和单价措施项目清单与计价表"。（答题时不考虑配电箱的进线管道和电缆，不考虑开关盒和灯头盒）

2. 根据背景资料 2 中的相关数据，编制完成题 5-3-4 表配电箱的"综合单价分析表"。

（计算结果保留两位小数）

题 5-3-3 表　　　　　　　分部分项工程和单价措施项目清单与计价表

序号	项目编码	项目名称	项目特征描述	计量单位	工程量	金额（元）		
						综合单价	合价	其中：暂估价
合计								

题 5-3-4 表　　　　　　　综合单价分析表

工程名称：配电房电气工程

项目编码		项目名称		计量单位		工程量	
清单综合单价组成明细							
定额编号	定额名称	定额单位	数量	单价（元）				合价（元）			
				人工费	材料费	机械费	管理费和利润	人工费	材料费	机械费	管理费和利润

续表

定额编号	定额名称	定额单位	数量	单价（元）				合价（元）			
				人工费	材料费	机械费	管理费和利润	人工费	材料费	机械费	管理费和利润
人工单价		小计									
		未计价材料费									
清单项目综合单价											
材料费明细	主要材料名称、规格、型号			单位		数量		单价（元）	合价（元）	暂估单价(元)	暂估合价(元)
	其他材料费										
	材料费小计										

模拟题六

试题一：

某地 2019 年拟建一年产 50 万 t 的冶炼项目。据调查，该地区 2017 年建设的年产 30 万 t 同类产品的已建项目的投资总额为 5500 万元。生产能力指数为 0.55，2017～2019 年工程造价平均每年递增 8%。

拟建工业项目其他基础数据如下：

1. 假设项目投资估算总额为 9000 万元（其中包括无形资产 500 万元）。建设期 1 年，运营期 8 年；

2. 本项目投资来源为自有资金和贷款。贷款总额为 3800 万元，贷款年利率 10%（按年计息）。贷款合同规定的还款方式为：运营期的前 4 年等额还本，利息照付。无形资产在运营期 8 年中均匀摊入成本。固定资产残值率 5%，按直线法折旧，折旧年限 10 年；

3. 正常年份年营业收入为 4000 万元（不含销项税额），经营成本为 1600 万元（其中进项税额为 150 万）；企业适用的增值税税率为 17%，税金附加按应纳增值税的 9% 计算，所得税税率为 25%；

4. 项目流动资金 200 万元，全部为自有资金，在项目运营期末全部收回；

5. 投产第一年仅达到设计生产能力的 90%，预计这一年的营业收入、销项税额、经营成本、进项税额均为正常年份的 90%；以后各年均达到设计生产能力；

6. 假定建设投资中无可抵扣固定资产进项税额。

问题：

1. 列式计算建设项目总投资。

2. 列式计算建设期贷款利息和运营期年固定资产折旧费、年无形资产摊销费。

3. 编制项目的借款还本付息计划（题 1-1 表）、总成本费用估算（题 1-2 表）。

题 1-1 表　　　　　　　　借款还本付息表（单位：万元）

项目	计算期								
	1	2	3	4	5	6	7	8	9
期初借款余额									
当期还本付息									
其中：还本									

续表

项目	计算期								
	1	2	3	4	5	6	7	8	9
付息									
期末借款余额									

题 1-2 表　　　　　　　　总成本费用估算表（单位：万元）

序号	费用名称	2	3	4	5	6	7	8	9
1	经营成本								
2	折旧费								
3	摊销费								
4	利息支出								
5	总成本费用								

4. 列式计算各年应纳增值税和增值税附加。

5. 列式计算运营期第一年税后净利润。

试题二：

某国有资金投资的某重点工程项目计划于 2019 年 8 月 8 日开工，招标人拟采用公开招标方式进行项目施工招标，市建委指定某具有相应资质的招标代理机构为招标人编制招标文件。

招投标过程中发生了以下事件：

事件 1：2019 年 1 月 8 日，已通过资格预审的 A、B、C、D、E、F 六家施工承包商拟参与该项目的投标，招标人规定 1 月 20~23 日为招标文件发售时间。2 月 16 日下午 4 时为投标截止时间。投标有效期自投标文件发售时间算起总计 90 天。

事件 2：该项目的招标控制价为 3568 万元，招标清单中的暂列金额为 260 万元，所以投标保证金统一定为 100 万元，其有效期从递交投标文件时间算起总计 90 天。

事件 3：投标过程中，投标人 F 在开标前 1h 书面告知招标人，撤回了已提交的投标文件。除 F 外还有 A、B、C、D、E 五个投标人参加了投标，其总报价分别为：3489 万元、3470 万元、3358 万元、3209 万元、3542 万元。评标过程中，评标委员会发现投标人 B 的暂列金额按 260 万元计取，且对招标清单中的材料暂估单价均下调 5% 后计入报价；发现投标人 E 报价中混凝土梁的综合单价为 700 元/m³，招标清单工程量为 520m³，合价为 36400 元。其他投标人的投标文件均符合要求。

招标文件中规定的评分标准如下：商务标中的总报价评分 60 分，有效报价的算术平均数为评标基准价，报价等于评标基准价者得满分（60 分），在此基础上，报价比评标基准价每下降 1%，扣 1 分；每上升 1%，扣 2 分。

事件 4：最后投标人 C 中标，双方于 2019 年 6 月 18 日签订了固定总价合同，合同价为 3358 万元，合同工期为 470 天。合同约定：实际工期每拖延 1 天，逾期罚款为 2 万元；实际工期每提前 1 天，奖励 1 万元。投标人 C 的造价工程师对该项目进行了成本分析，其工程成本最低的工期为 500 天，相应的成本为 3100 万元。在此基础上，工期每缩短 1 天，需增加成本 10 万元；工期每延长 1 天，需增加成本 5 万元。在充分考虑施工现场条件和本公司人力、施工机械条件的前提下，该项目最可能的工期为 485 天。

问题：

1. 该项目招标中建委的做法是否妥当？说明理由。

2. 指出事件 1 的做法不妥之处，说明理由。

3. 指出事件 2 的做法不妥之处，说明理由。

4. 根据事件 3，说明针对投标人 B、投标人 E 的报价，评标委员会应分别如何处理？并说明理由。

5. 根据事件 3 及招标文件的评分标准，列式计算各有效报价投标人的总报价得分。

6. 根据事件 4，列式计算投标人 C 的投标报价浮动率。在确保该项目不亏本的前提下，该投标人允许工程的最长工期为多少天？若按最可能的工期组织施工，该项目的利润额为多少？相应的成本利润率为多少？

试题三：

某工程施工合同中规定，甲乙双方约定合同工期为 30 周，合同价为 827.28 万元，管理费为人工费、材料费、机械费之和的 18%，利润率为人工费、材料费、机械费、管理费之和的 5%，因通货膨胀导致价格上涨时，业主对人工费、主要材料费和机械费（三项费用占合同价的比例分别为 22%、40% 和 9%）及综合税费进行调整，因设计变更产生的新增工程，双方约定既补偿成本又补偿利润。

该工程的 D 工和 H 工作安排使用同一台施工机械，机械每天工作一个台班，机械台班单价为 1000 元/台班，台班折旧费为 600 元/台班，施工单位编制的施工计划，如题 3-1 图所示，各项工作都按照最早开始时间安排。

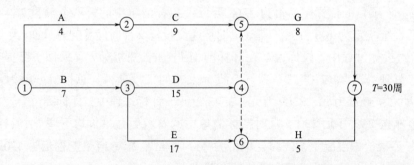

题 3-1 图　施工进度计划（单位：周）

施工过程中发生如下事件：

事件1：考虑物价上涨因素，业主与施工单位协议对人工费、主要材料费、机械费和综合税费分别上调5%、6%、3%和10%。

事件2：因业主设计变更新增F工作，F工作为D工作的紧后工作，为H工作的紧前工作，持续时间为6周，经双方确认，F工作的分部分项工程和措施项目的人工费、材料费和机械费之和为126万元，规费为8万元。

事件3：G工作开始前，业主对G工作的部分施工图纸进行修改，由于未能及时提供给施工单位，致使G工作延误6周，经双方协商，对仅因业主延迟提供的图纸而造成的工期延误，业主按原合同工期和价格确定分摊的每周管理费标准补偿施工单位管理费。

上述事件发生后，施工单位在合同规定的时间内向业主提出索赔并提供了相关资料。

问题：

1. 事件1中，调整后的合同价款为多少万元？

2. 事件2中，若增值税综合税率为9%，应计算F工作的工程价款为多少万元？

3. 事件2发生后，以工作表示的关键线路是哪一条？列式计算应批准延长的工期和可索赔的工程价款（不含F的工程价款，规费以人工费为基数计算）。

4. 假设原合同价中规费38万，应计增值税为27.8万元，计算原合同工期分摊的每周管理费应为多少万元（以原合同中管理费为基数分摊）？发生事件2和事件3后，项目最终的工期是多少周？业主应批准补偿的管理费为多少万元？

（列出具体的计算过程，计算结果以万元为单位保留两位小数）

试题四：

某工程项目采用工程量清单招标确定中标人，招标控制价200万元，合同工期4个月。承包方费用部分数据如题4-1表所示。

题4-1表　　　　　　　　　　承包方费用部分数据表

分项工程名称	计量单位	数量	综合单价
A	m³	5000	100 元/m³
B	m³	750	420 元/m³
C	t	100	4500 元/t
D	m²	1500	150 元/m²
总价措施项目费用	100000 元		
其中：安全文明施工费用	60000 元		
暂列金额	50000 元		

注：以上费用都为不含税费用。

合同中有关工程款支付条款如下：

1. 开工前发包方向承包方支付合同价（扣除安全文明施工费用和暂列金额）的20%作为材料预付款。预付款从工程开工后的第2个月开始分3个月均摊抵扣。

2. 安全文明施工费用开工前与材料预付款同时支付。

3. 工程进度款按月结算，发包方按每次承包方应得工程款的80%支付。

4. 总价措施项目费用剩余部分在开工后4个月内平均支付，结算时不调整。

5. 分项工程累计实际工程量增加（或减少）超过计划工程量的15%时，该分项工程的综合单价调整系数为0.95（或1.05）。

6. 承包商报价管理费和利润率取50%（以人工费、机械费之和为基数）。

7. 规费和税金综合费率18%（以分项工程费用、措施项目费用、其他项目费用之和为基数）。

8. 竣工结算时，业主按合同价款的3%扣留工程质量保证金。

9. 工期奖罚5万/月（含税费），竣工结算时考虑。

10. 如遇清单缺项，双方按报价浮动率确定单价。

题4-2表　　　　　　　　　各月计划和实际完成工程量

分项工程		第1月	第2月	第3月	第4月	第5月
A（m³)	计划	2500	2500			
	实际	2500	2500			
B（m³)	计划		375	375		
	实际		250	250	380	
C（t)	计划		50	50		
	实际		35	35	45	
D（m²)	计划			750	750	
	实际			750	400	400

施工过程中，4月份发生了如下事件：

1. 业主签证某临时工程消耗计日工50工日（综合单价60元/工日)，某种材料120m²（综合单价100元/m²)。

2. 业主要求新增一临时工程，工程量为300m³，双方按当地造价管理部门颁布的人材机消耗量、信息价和取费标准确定的综合单价为500元/m³。

3. 4月份业主责任使D工程量增加，停工待图将导致D工期延长2个月，后施工单位赶工使D工作5月份完成，发生赶工人才机费3万元。

问题：

1. 工程签约合同价款为多少元？开工前业主应拨付的材料预付款和安全文明施工工程价款为多少元。

2. 列式计算第3个月末分项工程的进度偏差（用投资表示）。

3. 列式计算业主第 4 个月应支付的工程进度款为多少万元。

4. 1~5 月份业主支付工程进度款，6 月份办理竣工结算，工程实际总造价和竣工结算款分别为多少万元。

5. 增值税率为 9%，实际费用支出（不含税）160 万元，进项税额 17 万元（其中：普通发票 9 万元，专用发票 7 万元，材料损失专票税费 1 万元），计算该项目应计增值税，应纳增值税和成本利润率。（计算结果保留三位小数）

试题五：

本试题共分三个专业（Ⅰ土木建筑工程、Ⅱ管道和设备工程、Ⅲ电气和自动化控制工程），任选其中一题作答。

Ⅰ. 土木建筑工程

某剪力墙结构住宅，剪力墙厚 200mm，标准层建筑平面由 A1 户型和 B1 户型组成，详见题 5-1-1 图。客厅、餐厅、卧室楼板采用桁架混凝土叠合板，混凝土采用 C30。

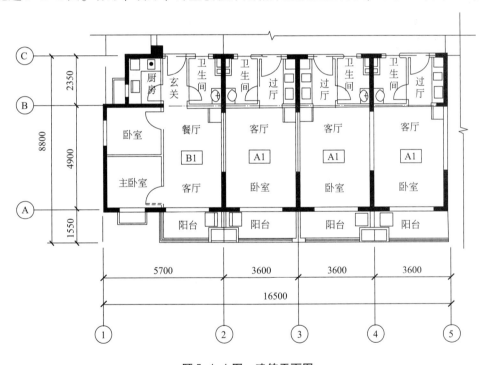

题 5-1-1 图　建筑平面图

A1 户型开间轴线尺寸为 3600mm，进深轴线尺寸为 4900mm，该楼板按单向板布置叠合板，叠合板的厚度取 130mm，底板 60mm，后浇叠合层 70mm。

B1 户型开间轴线尺寸为 5700mm，进深轴线尺寸为 4900mm，该楼板按双向板布置叠合板，叠合板的厚度取 130mm，底板 60mm，后浇叠合层 70mm。

叠合板的支座条件详见题 5-1-2 图。根据设计计算，底板的布置详见题 5-1-3 图。

叠合板的参数详见题 5-1-1 表。

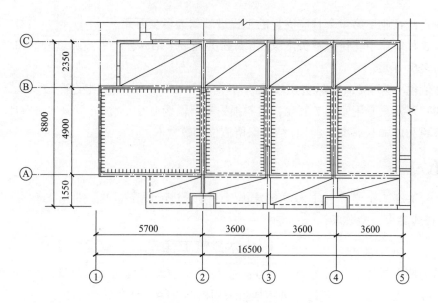

题 5-1-2 图　支座条件

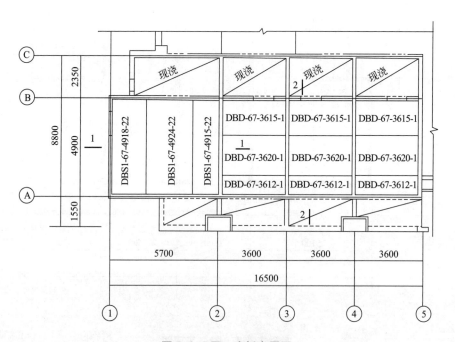

题 5-1-3 图　底板布置图

题 5-1-1 表　　　　　　　　　　　　叠合板参数表

编号	混凝土体积（m³）	底板重量（t）	桁架重量（kg）	钢筋信息
DBD-67-3612-1	0.246	0.615	5.85	受力筋：Φ8@200 分布筋：Φ6@200
DBD-67-3615-1	0.308	0.769	5.85	
DBD-67-3620-1	0.410	1.026	5.85	

编号	混凝土体积（m³）	底板重量（t）	桁架重量（kg）	钢筋信息
DBDS1-67-4915-22	0.349	0.873	8.96	跨度与宽度方向配筋均为 Φ8@150
DBDS1-67-4918-22	0.432	1.081	9.09	
DBDS1-67-4924-22	0.582	1.455	9.09	

叠合板、后浇混凝土的定额详见题 5-1-2 表。

题 5-1-2 表　　　　　　　叠合板、后浇混凝土定额基价表

定额编号			1-14	1-31
项目			叠合板	后浇混凝土（叠合板）
			10m³	10m³
定额基价			29523.78	5159.55
其中	人工费		2307.46	708.51
	材料费		27155.91	4443.52
	机械费		60.41	7.52
名称	单位	单价（元）		
综合工日	工日	113.00	20.42	6.27
预制混凝土叠合板	m³	2500.00	10.05	
预拌混凝土	m³	376.62		10.15
垫铁	kg	3.09	3.14	
电焊条	kg	8.47	6.10	
板枋材	m³	1900.00	0.091	
立支撑杆件	套	150.00	2.730	
零星卡具	kg	8.75	37.310	
钢支撑	kg	8.62	39.850	
塑料薄膜	m²	2.20		175.00
水	m³	7.85		18.40
其他材料	元		717.17	91.39
交流弧焊机	台班	103.98	0.581	
小型机具	元			7.52

注：1. 本消耗定额基价表中费用均不包含增值税可抵扣进项税额。

2. 叠合板定额内容包括结合面清理、构件吊装、就位、校正、垫实、固定、接头钢筋调直、焊接、搭设及拆除钢支撑。

3. 后浇混凝土包括浇筑、振捣、养护等。

问题：

1. 根据施工图纸及技术参数，按《房屋建筑与装饰工程工程量计算规范》GB 50854

的计算规则，在题 5-1-3 表中列式计算该住宅工程分部分项工程量。

题 5-1-3 表　　　　　　　　　　清单工程量计算书

序号	项目名称	计量单位	工程量	计算式
1	叠合板 DBD-67-3612-1			
2	叠合板 DBD-67-3615-1			
3	叠合板 DBD-67-3620-1			
4	叠合板 DBDS1-67-4915-22			
5	叠合板 DBDS1-67-4918-22			
6	叠合板 DBDS1-67-4924-22			
7	后浇混凝土（叠合板）（不含板缝）			

2.《建设工程工程量清单计价规范》GB 50500 中叠合板的清单项目编码为 010512001，已知该工程的企业管理费按人工、材料、机械费之和的 15% 计取，利润按人工、材料、机械费、企业管理费之和的 6% 计取。按《建设工程工程量清单计价规范》GB 50500 的要求，结合消耗量定额基价表，列式计算叠合板综合单价并补充填写题 5-1-4 表综合单价分析表。

题 5-1-4 表　　　　　　　　　　叠合板综合单价分析表

项目编码				项目名称	叠合板	计量单位		工程量	
清单综合单价组成明细									
定额编号	定额名称	定额单位	数量	单价（元）				合价（元）			
				人工费	材料费	施工机具使用费	管理费和利润	人工费	材料费	施工机具使用费	管理费和利润
人工单价											
未计价材料（元）											
清单项目综合单价（元/t）											
	主要材料名称、规格、型号	单位	数量	单价（元）	合价（元）	暂估单价（元）	暂估合价（元）				
其他材料费（元）											
材料费小计（元）											

3.假定某施工企业拟投标该工程,计算得出该工程的分部分项工程费为1275293.74元,措施项目费为219414.62元,其他项目费用为:暂列金额250000元,专业工程暂估价50000元(总包服务费可按4%计取),计日工60工日,每工日综合单价按150元计。若规费按分部分项、措施项目、其他项目费用之和的5%计取,增值税率按9%计,补充完成该工程的投标报价汇总,见题5-1-5表。

题5-1-5表　　　　　　　　投标报价汇总表

序号	项目名称	金额（元）
1	分部分项工程量清单合计	
2	措施项目清单合计	
3	其他项目清单合计	
3.1	暂列金额	
3.2	材料暂估价	
3.3	专业工程暂估价	
3.4	计日工	
3.5	总包服务费	
4	规费	
5	税金	
	合计	

(上述各问题中提及的各项费用均不包含增值税可抵扣进项税额,所有计算结果保留两位小数)

Ⅱ. 管道和设备工程

某工程背景资料如下:

1.题5-2-1图为某加压泵房工艺管道系统安装的截取图。

2.假设管道的清单工程量如下:

低压管道φ325×8管道21m;中压管道:φ219×32管道32m,φ168×24管道23m,φ114×6管道7m。

3.相关分部分项工程量清单统一项目编码见题5-2-1表。

题5-2-1表　　　　　　　分部分项工程量清单统一项目编码

项目编码	项目名称	项目编码	项目名称
030801001	低压碳钢管	030810002	低压碳钢平焊法兰
030802001	中压碳钢管	030811002	中压碳钢对焊法兰
030807002	低压焊接阀门	030808002	中压焊接阀门
030807003	低压法兰阀门	030808003	中压法兰阀门
030815001	管架制作安装		

4. φ219×32 碳钢管道安装工程的相关定额见题 5-2-2 表。

题 5-2-2 表　　　　　　　管道安装工程的相关定额

定额编号	项目名称	计量单位	安装基价（元）			未计价主材	
			人工费	材料费	机械费	单价	耗量
6-36	低压管道电弧焊安装	10m	672.80	80.00	267.00	6.50 元/kg	9.38m
6-411	中压管道氩电联焊安装	10m	699.20	80.00	277.00	6.50 元/kg	9.38m
6-2429	中低压管道水压试验	100m	448.00	81.30	21.00		
6-2483	管道空气吹扫	100m	169.60	120.00	28.00		
6-2476	管道水冲洗	100m	272.00	102.50	22.00	5.50 元/m³	43.70m³

该工程的人工单价为 100 元/工日，管理费和利润分别按人工费的 83% 和 35% 计。

问题：

1. 按照题 5-2-1 图所示内容，列示计算管道、管件、超声波探伤、射线探伤、保温、管道保护层工程量安装项目的清单工程量。

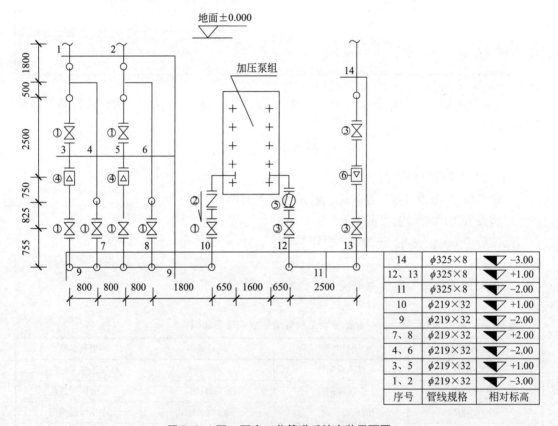

题 5-2-1 图　泵房工艺管道系统安装平面图

说明：

1. 本图为某加压站泵房工艺管道系统部分安装图。标高以"m"计，其余尺寸均以"mm"计。

2. 管道材质为 20 号碳钢无缝钢管，管件为成品；法兰：进口管段为低压碳钢平焊法兰，出口管段为中压碳钢对焊法兰。均为氩电联焊。

3. 管道支架为普通支架，共耗用钢材 148.4kg，其中施工损耗为 6%。

4. 管道系统中，所有法兰连接处焊缝采用 100% 超声波探伤，地下管道焊缝采用 X 射线探伤，管道按每 10m 有 7 个焊口计。其中，X 光射线探伤片子规格为 80mm×150mm。

5. 管道系统安装就位，进行水压试验及严密性试验合格后，采用水冲洗。

6. 所有管道、管道支架除锈后，均刷防锈漆两遍。管道采用岩棉管壳（厚度为 50mm）保温，外缠铝箔保护层。

2. 按照背景资料中给出的管道工程量和相关分部分项工程量清单统一编码，题 5-2-1 图规定的管道安装技术要求及所示法兰数量，根据《通用安装工程工程量计算规范》GB 50856、《建设工程工程量清单计价规范》GB 50500 规定，编制管道、管架、法兰、阀门安装项目的分部分项工程量清单，填入题 5-2-4 表 "分部分项工程和单价措施项目与计价表" 中。

3. 按照背景条件 4 中的相关定额，根据《通用安装工程工程量计算规范》GB 50856、《建设工程工程量清单计价规范》GB 50500 规定，编制 φ219×32 管道（单重 147.50kg/m）安装分部分项工程量清单 "综合单价分析表"，填入题 5-2-5 表中。

（数量栏保留三位小数，其余保留两位小数）

题 5-2-3 表　　　　　　　设备材料表（均采用法兰式连接）

序号	名称型号及规格	单位	数量
1	阀门 Z41H-40C DN200	个	7
2	阀门 H41H-40C DN200	个	1
3	阀门 Z41H-15C DN300	个	3
4	流量计 DN200	台	2
5	过滤器 DN300	台	1
6	流量计 DN300	台	1

题 5-2-4 表　　　　　　　分部分项工程和单价措施项目清单与计价表

工程名称：某泵房　　　　　　标段：工艺管道系统安装　　　　　第 1 页　共 1 页

序号	项目编码	项目名称	项目特征描述	计量单位	工程量	金额（元）	
						综合单价	合价

续表

序号	项目编码	项目名称	项目特征描述	计量单位	工程量	金额（元）	
						综合单价	合价

题5-2-5表　　　　　　　　　　综合单价分析表

工程名称：某泵房　　　　　　标段：工艺管道系统安装　　　　　第1页　共1页

项目编码		项目名称			计量单位		工程量	
清单综合单价组成明细								
定额编号	定额名称	定额单位	数量	单价				合价			
				人工费	材料费	机械费	管理费和利润	人工费	材料费	机械费	管理费和利润
人工单价			小计								
		未计价材料费									
清单项目综合单价											

材料费明细	主要材料名称、规格、型号	单位	数量	单价（元）	合价（元）	暂估单价（元）	暂估合价（元）
						—	—
	其他材料费						
	材料费小计						

Ⅲ.电气和自动化控制工程

工程背景资料如下：

1.某化工厂合成车间动力安装工程，如题5-3-1图所示。

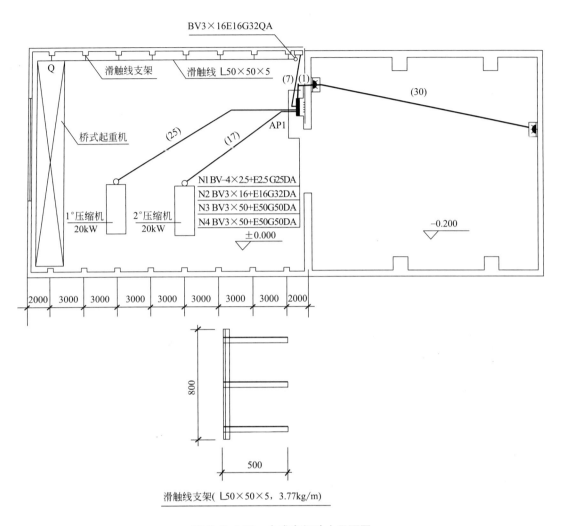

题 5-3-1图　合成车间动力平面图

说明：

（1）图中尺寸除标高及括号以外，其余均以 mm 计。配管水平长度见图示括号内数字，单位为 m。

（2）AP1 定型动力配电箱 800×1700×300（mm）（宽×高×厚）落地安装，电源由室外电缆引入，基础型钢采用 10 号槽钢（单位重量为 10kg/m）。插座箱 300×200×150（mm）（宽×高×厚）为成套产品，嵌入式安装，底边距地 1.4m。

（3）管路为钢管沿地坪暗敷，水平管路均敷设在地坪下 0.1m 处，其至 AP1 动力配电箱出口处的管口高出地坪 0.15m，设备基础顶标高为 +0.3m，埋地管管口高出基础顶面 0.2m，导线出管口后的预留长度为 1m，并安装 1 根同口径 0.8m 长的金属软管。

（4）木制配电板 350×500×30（mm）（宽×高×厚）挂墙明装，下口距地 1.5m，板上安装滑触线电源开关 1 个（铁壳开关 HH3-100/3）。木制配电板引至滑触线的管、线与其电源管、线相同，其至滑触线处管口标高为 +6m，导线出管口后的预留长度为 1m。

（5）角钢滑触线 L50×50×5 离地 6m，滑触线支架安装高度为 +6.0m，采用螺栓固定，两端设置信号灯。滑触线伸出两端支架的长度为 1m。

2. 该动力配电工程的相关定额、主材单价及损耗率见题 5-3-1 表。

题 5-3-1 表　　　　　相关定额、主材单价及损耗率

定额编号	项目名称	定额单位	安装基价（元）			主　材	
			人工费	材料费	机械费	单价	损耗率（%）
2-265	成套配电箱，嵌入式安装，半周长≤2.5m	台	179.67	50.40	6.54	1500 元/台	
2-261	配电箱，落地式安装	台	233.91	20.40	87.79	1600 元/台	
2-331	无端子外部接线 2.5mm²	10 个	24.86	16.85	0		
2-343	压铜接线端子 16mm² 以内	10 个	28.25	122.59	0		
2-345	压铜接线端子 70mm² 以内	10 个	85.88	224.36	0		
2-270	插座箱，嵌入式安装，半周长≤1.0m	台	50.85	6.32	0	500.00 元/台	
2-460	电动机检查接线	台	41.81	76.56	13.84		
2-381	木配电板制作	m²	151.42	94.38	0		
2-385	木配电板安装	m²	67.80	16.71	3.52		
2-276	控制开关	个	67.80	43.56	3.52		
2-1114	砖、混凝土结构暗配，钢管 DN25 以内	100m	630.54	167.38	0	4.36 元/m	3
2-1115	砖、混凝土结构暗配，钢管 DN32 以内	100m	630.54	221.16	0	4.90 元/m	3
2-1117	砖、混凝土结构暗配，钢管 DN50 以内	100m	1155.99	351.77	10.37	5.16 元/m	3
2-1307	动力线 BV2.5mm²	100m	71.19	16.90	0	4.00 元/m	5
2-1311	动力线 BV16mm²	100m	91.53	24.82	0	10.60 元/m	5
2-1314	动力线 BV50mm²	100m	223.74	33.86	0	19.98 元/m	5
2-497	50×5 角钢滑触线	100m	1403.46	168.36	77.37		

注：表内费用均不包含增值税可抵扣进项税额。

3. 该工程人工费单价为 100 元/工日，管理费和利润分别按人工费的 30% 和 20% 计算。

4. 相关分部分项工程量清单项目编码及项目名称见题 5-3-2 表。

题 5-3-2 表　　　　分部分项工程量清单项目编码及项目名称

项目编码	项目名称	项目编码	项目名称
030411001	配管	030411004	配线
030407001	滑触线	030406006	电机检查接线与调试低压交流异步电动机
030404017	配电箱	030404019	控制开关
030404018	插座箱	030404036	其他电器
030404036	木质配电板		

问题：

1. 按照背景资料 1~4 和题 5-3-1 图所示内容，根据《建设工程工程量清单计价规范》GB 50500 和《通用安装工程工程量计算规范》GB 50856 的规定，计算各分部分项工程量，并将配管、配线和滑触线的计算式与结果填写在答题卡指定位置；计算各分部分项工程的综合单价与合价，编制完成题 5-3-3 表"分部分项工程和单价措施项目清单与计价表"。

2. 根据背景资料 1~4 中的相关数据和题 5-3-1 图所示内容，编制完成题 5-3-4 表配电箱的"综合单价分析表"。

（计算结果保留两位小数）

题 5-3-3 表　　　　　　　　分部分项工程和单价措施项目清单与计价表

序号	项目编码	项目名称	项目特征描述	计量单位	工程量	金额（元）	
						综合单价	合价
合计							

题 5-3-4 表　　　　　　　　综合单价分析表

工程名称：配电房电气工程

项目编码		项目名称		计量单位		工程量	
清单综合单价组成明细							
定额编号	定额名称	定额单位	数量	单价（元）				合价（元）			
				人工费	材料费	机械费	管理费和利润	人工费	材料费	机械费	管理费和利润

续表

定额编号	定额名称	定额单位	数量	单价（元）				合价（元）			
				人工费	材料费	机械费	管理费和利润	人工费	材料费	机械费	管理费和利润
人工单价			小　计								
			未计价材料费								
清单项目综合单价											
材料费明细	主要材料名称、规格、型号			单位		数量		单价（元）	合价（元）	暂估单价（元）	暂估合价（元）
	其他材料费										
	材料费小计										

定心卷

模拟题七

试题一：

某拟建建设项目的基础数据如下：

1. 某地 2019 年拟建一年产 30 万 t 有色金属产品的项目。根据调查，该地区 2017 年建设的年产 20 万 t 相同产品的已建项目的投资总额为 6000 万元。生产能力指数为 0.6，2017 年至 2019 年工程造价平均每年递增 10%。

2. 项目建设期 1 年，运营期 10 年，假设项目建设投资总额为 9000 万元，预计全部形成固定资产。

3. 项目建设投资来源为自有资金和贷款，贷款总额为 3000 万元，贷款年利率 6%（按年计息），自有资金和贷款在建设期内均衡投入。还款方式为运营期前 3 年，等额还本，利息照付。

4. 项目固定资产使用年限 12 年，残值率 4%，直线法折旧。

5. 流动资金 280 万元由项目自有资金在运营期第 1 年投入（流动资金不用于项目建设期贷款的偿还）。

6. 运营期间正常年份的营业收入为 850 万元（其中销项税额为 68 万），经营成本为 280 万元（其中进项税额为 19 万）；税金附加按应纳增值税的 9% 计算，所得税税率为 25%。

7. 运营期第 1 年达到设计产能的 80%，该年的营业收入、经营成本均为正常年份的 80%，以后各年均达到设计产能。

8. 在建设期贷款偿还完成之前，不计提盈余公积金，不分配投资者股利。

9. 假设建设投资中无可抵扣的固定资产进项税额。

问题：

1. 列式计算项目建设总投资。

2. 列式计算项目运营期第 1 年应偿还的贷款本金和利息。

3. 列式计算项目运营期第 1 年是否需要偿还贷款？如果需要，偿还贷款需要的利润是多少？

4. 从项目资本金角度，列式计算运营期第 1 年的净现金流量。

（计算结果保留两位小数）

试题二：

某市重点工程项目拟采用工程量清单计价方式进行施工招标。在招投标过程中，有下列事件发生：

事件1：招标公告中要求潜在投标人必须取得本省颁发的《建设工程投标许可证》。

事件2：招标人考虑到该项目为本市重点工程项目，且政府财政紧张，要求投标人必须是资金雄厚的国有特级施工企业。

事件3：投标人A在通过资格预审后，对招标文件进行了详细分析，经初步测算，拟投标报价9000万元。为了不影响中标，又能在中标后取得较好的收益，造价工程师决定采用不平衡报价法对原估价作适当调整，调整前后数据详见题2-1表。

调整后，该承包商将技术标和商务标分别封装，在投标截止日期前1天上午将投标文件报送业主。

题2-1表   **报价调整前后对比表**   单位：万元

	基础工程	上部结构工程	装饰和安装工程	总造价	计划工期
调整前（投标估价）	1100（工期6个月）	4560（工期12个月）	3340（工期6个月）	9000	24个月
调整后（正式报价）	1200（工期6个月）	4800（工期12个月）	3000（工期6个月）	9000	24个月

事件4：投标人B在对招标文件分析中，发现业主所提出的工期要求过于苛刻，且合同条款中规定每拖延1天工期罚合同价的1‰。若要保证实现该工期要求，必须采取特殊措施，从而大大增加成本。因此，该投标人在投标文件中说明业主的工期要求难以实现，因而按自己认为的合理工期（比业主要求的工期增加6个月）编制施工进度计划并据此报价。

事件5：在规定的开标时间前1h，投标人C又递交了一份补充材料，声明将原报价降低4%，并详细说明了需调整的各分部分项工程的综合单价及相应总价。但是，招标单位的有关工作人员认为，根据国际上"一标一投"的惯例，一个承包商不得递交两份投标文件，因而拒收承包商的补充材料。

事件6：由于该项目技术复杂，采取两阶段评标。第一阶段评标结束后，评标专家A因心脏病突发，不得不更换为评标专家B。评标委员会主任安排专家B参加了第二阶段评标，并由专家B在评标报告上签字。

问题：

1. 指出事件1~2中有哪些不妥之处？说明理由。

2. 事件3中，投标人A运用了哪种报价技巧？其运用是否得当？不平衡报价后，承包商所得工程款的终值比原报价增加多少万元？（假定工程进度均衡进行，以预计的竣工时间为终点，月利率按1%计）

3. 事件4中，投标人B运用了哪种报价技巧？其运用是否得当？

4. 事件5中，投标人C运用了哪种报价技巧？其运用是否得当？招标人的做法是否得当？说明理由。

5. 事件6中有哪些不妥之处？说明理由。

试题三：

某施工承包商与业主按工程量清单计价方式和《建设工程施工合同（示范文本）》GF-2017-0201 签订了施工合同，工期 91 天，从 5 月 1 日至 7 月 30 日。合同专用条款约定，采用综合单价形式计价；人工日工资标准为 100 元；管理费和利润为人工费用的 35%（工人窝工计取管理费为人工费用的 10%）；规费为不含税人材机费、管理费、利润之和的 8%；增值税税率为不含税人材机费、管理费、利润、规费之和的 9%。工期奖罚 1000 元/天（含税费）施工单位制订的施工进度计划见题 3-1 表，并得到监理工程师的批准。

题 3-1 表　　　　　　　　　　　施工进度计划

施工过程	施工进度（周）												
	1	2	3	4	5	6	7	8	9	10	11	12	13
A	▬	▬											
B			▬	▬	▬	▬	▬						
C						▬	▬	▬	▬	▬	▬		
D								▬	▬	▬	▬	▬	▬

说明：

1. 施工顺序 A-B-C-D；B 所需的主要材料由业主供应。

2. 施工过程 A 一个施工段；施工 B、C、D 分三个施工段。

3. 施工过程 B、C 之间有 1 周技术间歇。

4. 每个施工过程由一个专业施工队完成。

5. 人工、机械使用计划：

施工过程 A 专业施工队由 5 人组成，使用 A 机械一台，租赁费 1000 元/台班；

施工过程 B 专业施工队由 15 人组成，使用 B 机械一台，台班单价 300 元/台班，折旧费 150 元/台班；

施工过程 C 专业施工队由 15 人组成；

施工过程 D 专业施工队由 10 人组成，使用 D 机械一台，台班单价 400 元/台班，折旧费 200 元/台班。

在同一施工段上，如果某先行施工过程因索赔事件发生而延误，但已知其延长时间与后续施工过程的计划开始作业时间间隔超过 10 天时，承包商不能就先行施工过程作业时间延误对后续施工过程的人工窝工和机械闲置提出费用索赔。承包商对此表示接受，并写入专用合同条款。

事件 1：5 月 5 日工作 A 施工时，遇特大暴雨停工 3 天；雨后清理基坑 5 名工人用工 2 天；模板和脚手架损坏修理费 1000 元；

事件 2：原计划 5 月 15 晨进场的业主供应材料于 5 月 22 日晚才进场；

事件 3：施工过程 B 第 2 施工段施工时由于施工机械故障停工 2 天；

事件 4：施工过程 D 开工前，监理工程师要求对前道工序的隐蔽工程进行重新检验，承包商派 10 名工人中的 2 人配合检验并重新覆盖，所用材料 1000 元。检查结果符合规范要求，施工过程 D 拖延开工 2 天。

（以上费用都不含税）

问题：

1. 分别说明承包商能否就上述事件 1～事件 4 向业主提出工期和（或）费用索赔，并说明理由。

2. 施工过程 D 第 3 段实际开工日期为第几天？

3. 承包商在事件 1～事件 4 中得到的工期索赔各为多少天？工期索赔共计多少天？该工程的实际工期为多少天？工期奖（罚）款为多少元？

4. 如果该工程窝工补偿标准为 50 元/工日，分别计算承包商在事件 1～事件 4 中得到的费用索赔款各为多少元？费用索赔款总额为多少元？

（计算结果保留两位小数）

试题四：

某工程项目发包人与承包人签订了施工合同，工期 5 个月。分项工程和单价措施项目的造价数据与经批准的施工进度计划见题 4-1 表；总价措施项目费用 9 万元（其中含安全文明施工费 3 万元）；暂列金额 12 万元。管理费和利润为人材机费用之和的 15%。规费和税金为人材机费用与管理费、利润之和的 10%。

题 4-1 表　　　　　　　　分项工程和单价措施造价数据与施工进度计划表

分项工程和单价措施项目				施工进度计划（单位：月）				
名称	工程量	综合单价	合价（万元）	1	2	3	4	5
A	600m³	180 元/m³	10.8					
B	900m³	360 元/m³	32.4					
C	1000m³	280 元/m³	28.0					
D	600m³	90 元/m³	5.4					
合计			76.6	计划与实际施工均为匀速进度				

有关工程价款结算与支付的合同约定如下：

1. 开工前发包人向承包人支付签约合同价（扣除总价措施费与暂列金额）的 20% 作为预付款，预付款在第 3、4 个月平均扣回；

2. 安全文明施工费工程款于开工前一次性支付；除安全文明施工费之外的总价措施项目费用工程款在开工后的前 3 个月平均支付；

3. 施工期间除总价措施项目费用外的工程款按实际施工进度逐月结算；

4.发包人按每次承包人应得的工程款的85%支付;

5.竣工验收通过后的60天内进行工程竣工结算,竣工结算时扣除工程实际总价的3%作为工程质量保证金,剩余工程款一次性支付;

6.C分项工程所需的甲种材料用量为500m³,在招标时确定的暂估价为80元/m³,乙种材料用量为400m³,投标报价为40元/m³。工程款逐月结算时,甲种材料按实际购买价格调整,乙种材料当购买价在投标报价的±5%以内变动时,C分项工程的综合单价不予调整,变动超过±5%以上时,超过部分的价格调整至C分项综合单价中。

该工程如期开工,施工中发生了经承发包双方确认的以下事项:

(1) B分项工程的实际施工时间为2~4个月;

(2) C分项工程甲种材料实际购买价为85元/m³,乙种材料的实际购买是50元/m³;

(3) 第4个月发生现场签证零星工程款2.64万元。

问题:(计算结果均保留三位小数)

1.合同价为多少万元?预付款是多少万元?开工前支付的措施项目款为多少万元?

2.求C分项工程的综合单价是多少元/m³?3月份完成的分部和单价措施费是多少万元?3月份业主应支付的工程款是多少万元?

3.列式计算第3月末累计分项工程和单价措施项目拟完工程计划费用、已完工程计划费用、已完工程实际费用,并分析进度偏差(投资额表示)与投资偏差(投资额表示)。

4.除现场签证款外,若工程实际发生其他项目费用8.7万元,试计算工程实际造价及竣工结算价款。

试题五:

本试题共分三个专业(Ⅰ土木建筑工程、Ⅱ管道和设备工程、Ⅲ电气和自动化控制工程),任选其中一题作答。

Ⅰ.土木建筑工程

某办公楼为钢筋混凝土框架结构,地下0层,地上4层,首层层高3.9m,其他层层高为3.6m,室外地坪标高为-0.45m。首层平面图、柱独立基础配筋图、柱网布置及配筋图、二层梁结构图、二层顶板结构图详见题5-1-1图~题5-1-7图所示。外墙及内部填充墙均采用200mm厚页岩空心砖,首层墙体砌筑在顶面标高为-0.05m的钢筋混凝土地梁上,M5.0混合砂浆砌筑。M1为2400mm×3300mm;M2为1000mm×2100mm;M3为1500mm×2100mm;M4为900mm×2100mm;M5为1200mm×2100mm;C1为1860mm×1800mm;C2为2100mm×1800mm;窗台高900mm。门窗洞口上设钢筋混凝土过梁,截面为240mm×180mm,过梁两端各伸出洞边250mm。已知本工程抗震设防烈度为7度,抗震等级为四级(框架结构),基础、柱、梁、板的混凝土均采用C30预拌混凝土;其他现浇构件为C20,钢筋的保护层厚度:板为15mm,梁柱为25mm,基础为35mm。楼板厚100mm、120mm两种。

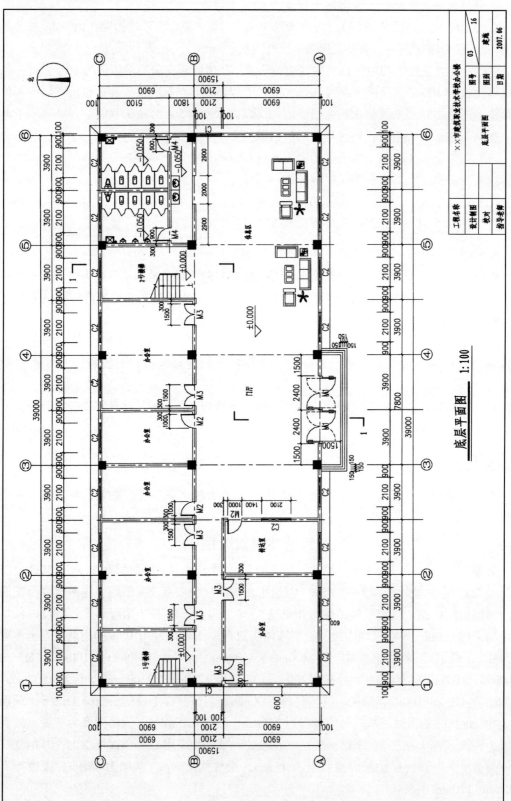

底层平面图 1：100

题 5-1-1 图　底层平面图 1：100

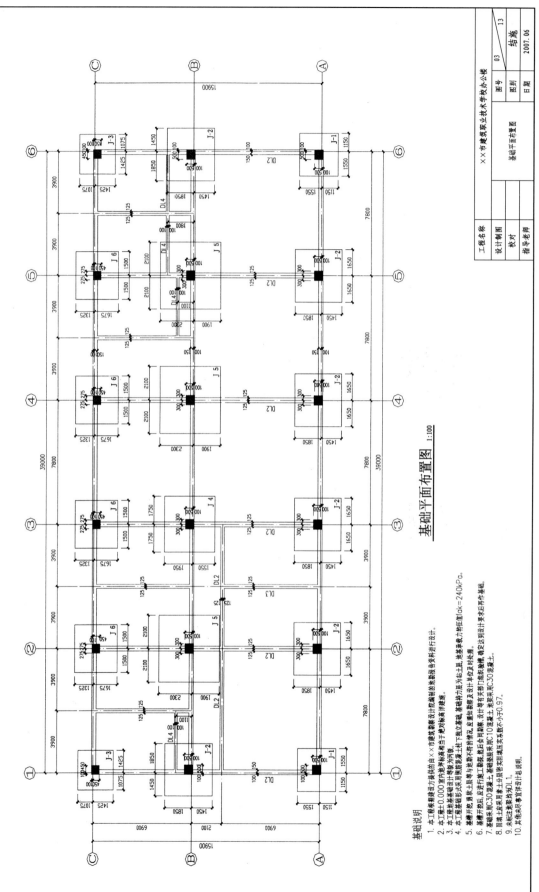

基础说明

1. 本工程根据建设方提供由××市建筑勘察设计院勘察的地勘报告等资料进行设计。

2. 本工程±0.000室内地坪标高相当于绝对标高详建施。

3. 本工程地基础设计等级为丙级。

4. 本工程基础形式采用独立基础。基础持力层为标土层，设计承载力特征值fak=240kPa。

5. 基槽开挖后，须与地质不符时情况，应通知勘察及设计单位及时处理。

6. 基槽开挖后，应进行验槽工序后会同取验，设计有关部门各数据，待达到设计要求后再作基础。

7. 本础采用C30混凝土，基础垫层采用C10混凝土垫层数据，钢筋保护层。

8. 回填土采用素土分层夯实压实系数不小于0.97。

9. 未标注数据均为DL1。

10. 其他未作详设计说明。

基础平面布置图 1:100

题 5-1-2 图　基础平面布置图 1:100

工程名称	××市建筑职业技术学校办公楼		
设计制图		图名	基础平面布置图
校对		图别	结施
指导老师		图号	03
		日期	2007. 06
			13

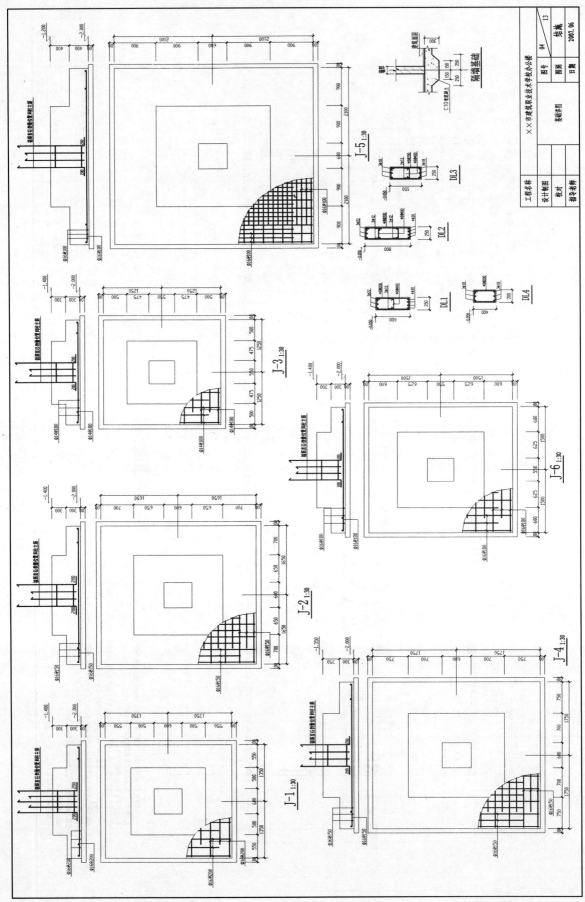

题 5-1-3 图 基础详图 1：100

地梁配筋表

地梁编号	截面尺寸 bXh	上部钢筋①	上部钢筋②	下部钢筋③	箍筋④	构造钢筋⑤	备注
DL1	250×600	2Φ22	1Φ22	4Φ20	Φ8@200	G2Φ12	
DL2	250X800	2Φ22	1Φ22	4Φ20	Φ8@200	G4Φ12	
DL3	250X550	2Φ18	1Φ18	3Φ18	Φ8@200	G2Φ12	
DL4	200X400	2Φ18	1Φ18	3Φ18	Φ8@200	—	

C10混凝土垫层
轻隔墙基础
用于未设地梁处

-0.450
2 单出中间垫墙 b/3
DL 米

-2.000
C10素混凝土垫层
柱插筋同柱主筋
2Φ8柱箍筋
Asy
Asx
1-1
单柱基础

基 础 参 数 表

基础编号	AXB	a1	a2	a3	b1	b2	b3	h1	h2	h3	h	Asx	Asy	Ash
J-1	2700X2700	1600	550		1600	550		300	300		600	Φ16@200	Φ16@200	
J-2	3300X3300	1360	700		1360	700		300	300		600	Φ16@150	Φ16@150	
J-3	2500X2500	1500	500		1400	400		300	300		600	Φ14@180	Φ14@180	
J-4	3500X3500	2000	750		2000	750		300	350		650	Φ16@150	Φ16@150	
J-5	4200X4200	2400	900		2400	900		400	400		800	Φ16@100	Φ16@100	
J-6	3000X3000	1800	600		1800	600		300	300		600	Φ16@180	Φ16@180	

注：基础与柱的关系详基础平面布置图。

工程名称		X X市建筑职业技术学校办公楼	图号	05
设计制图		基础详图（表格方式）		13
校对			图别	结施
指导老师			日期	2007.06

题 5-1-4 图 基础详图

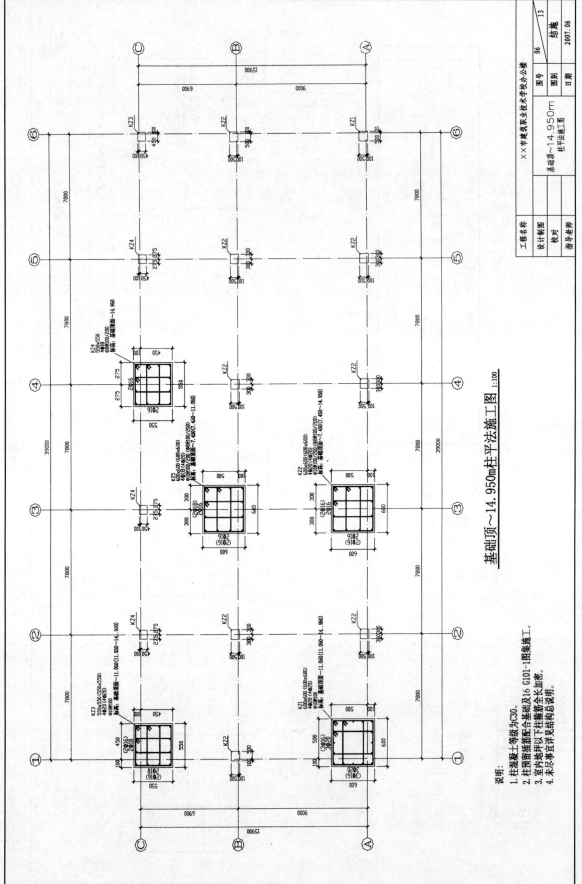

基础顶～14.950m柱平法施工图 1：100

说明：
1. 柱混凝土等级为C30。
2. 柱预留插筋配合基础及16 G101-1图集施工。
3. 室内地坪以下柱箍筋全长加密。
4. 未尽事宜详见结构总说明。

图 5-1-5 图 基础顶～14.950m柱平法施工图 1：100

工程名称 ××市建筑职业技术学校办公楼
设计制图
校对
指导老师
图号 06 13
图别 结施
基础顶～14.950m 柱平法施工图
日期 2007.06

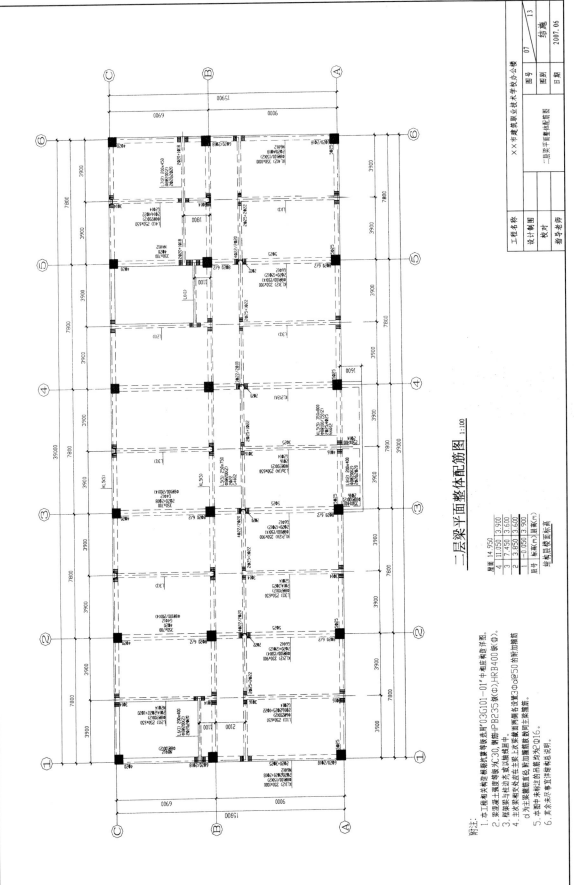

一层梁平面整体配筋图 1:100

层号	标高(m)	层高(m)
4	14.950	3.900
3	11.050	3.600
2	7.450	3.600
1	3.850	3.900
	-0.050	3.900

结构层楼面标高

附注:
1. 本工程梁柱制造相数据等等等采用"03G101-01"中相应制造详图。
2. 梁混凝土强度等级为C30,钢筋为HPB235级(Φ),HRB400级(Φ)。
3. 框架梁与柱边或沉降缝线段中。
4. 主次梁相交处应在主梁上次梁两侧各设置3Φ8@50的附加附加箍筋。
   d为主梁箍筋首尾,附加箍筋依数同主梁箍筋。
5. 本图中未标注的吊筋均为2Φ16。
6. 其余未尽事宜详结构总说明。

题 5-1-6 图 二层梁平面整体配筋图 1:100

工程名称	××市建筑职业技术学校办公楼		图号	07	13
设计制图	一层梁平面整体配筋图		图别	结施	
校对			日期	2007.06	
指导老师					

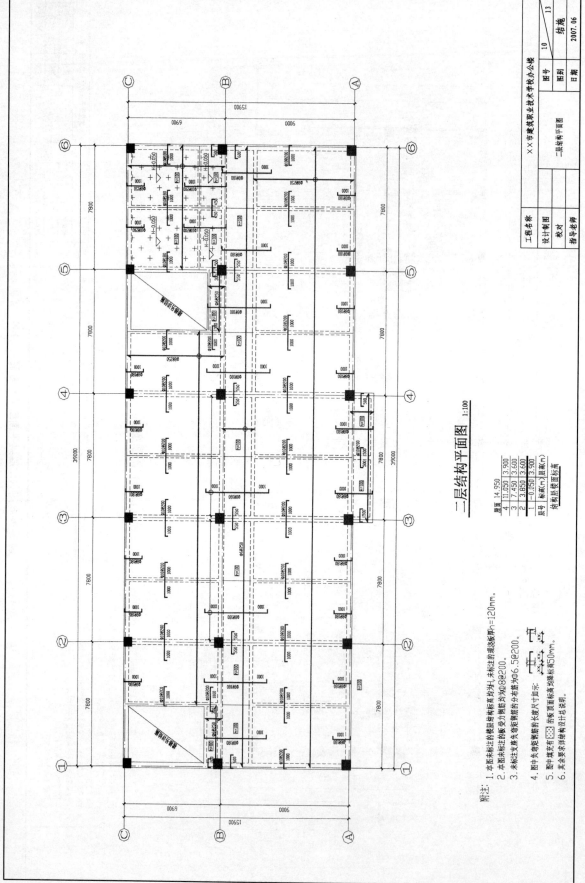

二层结构平面图 1:100

层号	标高(m)楼面高	结构层楼面面标高
4	11.050	3.900
3	7.450	3.600
2	3.850	3.600
1	-0.050	3.900

顶层 14.950

二层结构平面图 1:100

附注：
1. 本图未注注的楼层结构有构标高配对I,未标注的现浇板厚h=120mm。
2. 本图未标注板的受力钢筋均为Φ8@200。
3. 未标注分布筋的分布筋为Φ6.5@200。
4. 图中负弯矩钢筋的长度尺寸见如示。
5. 图中填充有 ▦ 的板顶面标高均降标高50mm。
6. 其余要求详结构设计总说明。

题 5-1-7 图 二层结构平面图 1：100

ⅩⅩ市建筑业职业技术学校办公楼
工程名称
设计制图
校对
指导老师
二层结构平面图
图号 10
图别 结施 13
日期 2007.06

问题：

1. 依据现行《房屋建筑与装饰工程工程量计算规范》GB 50854，列式计算该工程平整场地、挖基坑土方、混凝土独立基础、混凝土矩形柱（框架柱）的工程量、二层③轴上 KL2 的现浇混凝土工程量及模板工程量、二层①~②与 A~B 轴之间楼板的现浇混凝土工程量及模板工程量，并将计算过程及结果填入题 5-1-1 表中。

题 5-1-1 表　　　　　　　　　　工程量计算表

序号	项目名称	单位	数量	计算过程
1	平整场地			
2	挖基坑土方			
3	混凝土独立基础			
4	矩形柱（框架柱）			
5	矩形梁（二层③轴上 KL2）			
6	梁模板（二层③轴上 KL2）			
7	混凝土板（二层①~②与 A~B 轴之间的楼板）			
8	板模板（二层①~②与 A~B 轴之间的楼板）			

2. 已知某施工单位拟投标该项目，其现浇楼板的企业定额情况见题 5-1-2 表，该分部分项工程的管理费率、利润率分别按 12%、7% 计，管理费、利润均以人工费、材料费、机械费之和为基数计取，不考虑风险。计算该企业现浇混凝土板的综合单价。（计算结果保留小数点后两位）

题 5-1-2 表　　　　　　　现浇混凝土板定额与价格（除税）

编号	项目	单位	人工		材料				机械
			综合工	其他人工费	预拌混凝土 C30	水	草袋	其他材料费	小型机械
			工日	元	m³	m³	m²	元	元
			96 元/工日		420 元/m³	7.80 元/m³	2.00 元/m²		
4-40	有梁板	10m³	9.94	11.63	10.15	9.91	10.99	90.75	7.12

3. 假定该工程现浇板的混凝土清单量同施工量（方案量）均按 270m³ 计，模板工程量按 2700m² 计，招标工程量清单中要求单价措施项目中模板项目的清单不单独列项，按现行规范模板费应综合考虑在相应混凝土分部分项的综合单价中，根据问题 2 的计算结果及题 5-1-3 表中模板措施项目消耗定额费用表，列式计算该工程二楼包含模板费用的现浇混凝土板工程的综合单价，并填写综合单价分析表题 5-1-4 表。（计算结果保留小数点后两位）

题 5-1-3 表　　　　　　　模板措施项目消耗量定额费用表（除税）

定额编号	项目名称	计量单位	人工费（元）	材料费（元）	机具使用费（元）
13-37	现浇板复合模板钢支撑	100m²	2388.82	3435.27	291.52

题 5-1-4 表 　　　　　　　　　　现浇板综合单价分析表

项目编码	010505001001		项目名称		现浇板		计量单位		工程量	
清单综合单价组成明细										
定额编号	定额名称	定额单位	数量	单价（元）				合价（元）			
				人工费	材料费	施工机具使用费	管理费和利润	人工费	材料费	施工机具使用费	管理费和利润
人工单价				小计							
元/工日				未计价材料费（元）							
清单项目综合单价（元/m²）											
主要材料名称、规格、型号				单位		数量		单价（元）	合价（元）	暂估单价（元）	暂估合价（元）
预拌混凝土 C30											
草袋											
其他材料费（元）											
材料费小计（元）											

4. 假定该工程投标报价时分部分项工程费为 4000000.00 元；单价措施项目费为 300000.00 元，总价措施项目仅考虑安全文明施工费，安全文明施工费按分部分项工程费的 3.5%计取；专业工程暂估价为 110000.00 元（另计 5%总承包服务费），计日工中人工工日按 10 个计，综合单价 200 元，水泥 2t，水泥单价 350 元（含税），水泥的增值税率为 3%，机械台班单价按 5 个台班计，台班单价按 600 元计（除税）；该工程的人工费占比分别为分部分项工程费的 8%、措施项目费的 15%，该工程的管理费和利润按人材机之和的 20%计，规费按照人工费的 21%计取，增值税税率按 9%计取。按现行《建设工程工程量清单计价规范》GB 50500，列式计算安全文明施工费、措施项目费、人工费、总承包服务费、计日工、规费、增值税；并在题 5-1-5 表"单位工程投标报价汇总表"中编制该工程单位工程的投标报价。（以上各项费用均不包含增值税可抵扣进项税额，所有计算结果均保留两位小数）

题 5-1-5 表 　　　　　　　　　　投标报价汇总表

序号	汇总内容	金额（元）	其中暂估价（元）
1	分部分项工程		
2	措施项目		
2.1	其中：安全文明措施费		
3	其他项目费		

续表

序号	汇总内容	金额（元）	其中暂估价（元）
3.1	其中：专业工程暂估价		
3.2	其中：总承包服务费		
3.3	其中：计日工		
4	规费		
5	增值税		
	投标报价合计		

Ⅱ. 管道和设备工程

工程背景资料如下：

1. 题 5-2-1 图为某泵房工艺管道系统安装图。

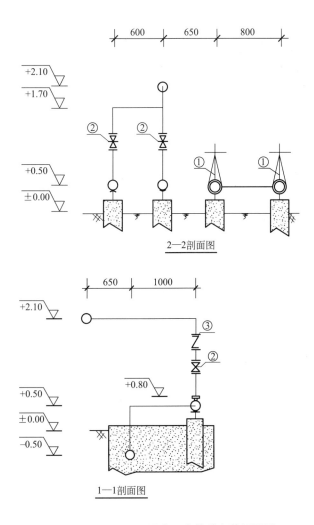

2—2剖面图

1—1剖面图

题 5-2-1 图（一）　泵房工艺管道安装剖面图

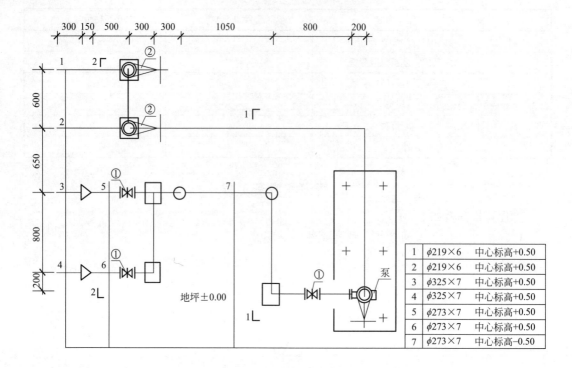

题 5-2-1 图（二） 泵房工艺管道安装平面图

说明：

1. 本图所示为某加压泵房工艺管道系统安装图，泵的入口设计工作压力为 1.0MPa，出口设计工作压力为 2.0MPa。

2. 图注尺寸单位：标高以"m"计，其余均以"mm"计。

3. 管道为碳钢无缝钢管、氩电联焊，采用成品管件焊接连接。

4. 所有泵前管道的法兰为碳钢平焊法兰，泵后管道的法兰为碳钢对焊法兰。

5. 图中所有的阀门均为法兰式连接，泵前的阀门类型有闸阀 Z41H-16C，泵后的阀门类型有：止回阀 H44H-25C 和闸阀 Z41H-25C。

6. 管道系统安装就位后，对管线的焊口进行无损探伤。其中法兰处焊口采用 100% 超声波探伤；$\phi273\times7$ 管线的地下管段焊缝采用 X 射线探伤，片子的规格为 80mm×150mm，焊口按 4 个计。

7. 管道系统安装完毕后，均按设计压力的 1.5 倍进行水压试验，合格后再进行水冲洗。地上管道外壁喷砂除锈，环氧漆三遍防腐；埋地管道外壁机械除锈，生漆两遍防腐。

2. 设定该泵房工艺管道系统清单工程量有关情况如下：

$\phi219\times6$ 管道为 10m；$\phi273\times7$ 管道为 6.5m，其中地下 2.0m；$\phi325\times7$ 管道为 1m。

3. 管道安装工程的相关定额及主材单价和损耗量见题 5-2-1 表。

4. 该工程的人工费单价综合为 120 元/工日，管理费和利润分别为人工费的 45% 和 55%。

5. 相关分部分项工程量清单项目统一编码见题 5-2-2 表。

题 5-2-1 表　　　　　　　　管道安装工程的相关定额及主材单价和损耗量

序号	项目名称	计量单位	安装费（元）			主材	
			人工费	材料费	机械费	单价	耗量
6-393	中压碳钢管（电弧焊）DN200 以内	10m	253.12	34.62	144.92	6.00 元/kg	9.41m/10m
6-411	中压碳钢管（氩电联焊）DN200 以内	10m	282.50	39.92	173.35	6.00 元/kg	9.41m/10m
6-2473	低中压管道液压试验 DN200 以内	100m	639.58	88.30	14.67		
6-2843	低中压管道气压试验 DN200 以内	100m	398.89	56.62	37.21		
6-2520	DN200 以内管道水冲洗	100m	384.20	85.76	15.76	4.1 元/m³	43.74m³/100m
6-2527	DN200 以内管道空气吹扫	100m	239.56	101.19	32.08		
11-10	管道机械除锈	10m²	49.72	2.63	0		
11-7	管道喷砂除锈	10m²	241.82	213.56	221.50		
11-652	生漆一遍	10m²	129.95	142.25	25.10		
11-653	生漆增一遍	10m²	94.92	124.14	31.99		
11-719	环氧漆两遍	10m²	159.33	121.27	0		
11-720	环氧漆增一遍	10m²	79.10	51.98	0		

注：表中的费用不包含增值税可抵扣的进项税额。

题 5-2-2 表　　　　　　　　相关分部分项工程量清单项目统一编码

项目编码	项目名称	项目编码	项目名称
030801001	低压碳钢管	030810002	低压碳钢焊接法兰
030802001	中压碳钢管	030811002	中压碳钢焊接法兰
030804001	低压碳钢管件	030816003	焊缝 X 射线探伤
030805001	中压碳钢管件	030816005	焊缝超声波探伤
030807003	低压法兰阀门	031202002	管道防腐蚀
030808003	中压法兰阀门	031202008	埋地管道防腐蚀

问题：

1. 按照题 5-2-1 图所示内容，列式计算管道（区分地上、地下）、射线探伤、超声波探伤、防腐蚀项目的清单工程量。

2. 按照背景资料 2、5 中给出的管道清单工程量及相关项目统一编码，题 5-2-1 图中所示的阀门数量和规定的管道安装技术要求，在题 5-2-3 表中，编制管道、管件、阀门、法兰、防腐蚀项目、射线探伤、超声波探伤"分部分项工程量清单与计价表"。

3. 按照背景资料 3 中的相关定额，在题 5-2-4 表中，编制 φ219×6 管道外壁防腐蚀

（单重 31.6kg/m）的"工程量清单综合单价分析表"。

（"数量"栏保留三位小数，其余保留两位小数）

题 5-2-3 表　　　　　　分部分项工程和单价措施项目清单计价表

工程名称：某泵房工艺管道　　　　　　　　　　　　　　标段：泵房管道安装

序号	项目编码	项目名称	项目特征描述	计量单位	工程量	金额（元）		
						综合单价	合价	其中：暂估价

题 5-2-4 表　　　　　　工程量清单综合单价分析表

工程名称：泵房　　　　　　　　　　　　　　　　　标段：工艺管道安装

项目编码			项目名称			计量单位		
清单综合单价组成明细								
定额编号	定额名称	定额单位	数量	单价			合价		
				人工费	材料费	机械费	管理费和利润	人工费	材料费	机械费	管理费和利润
人工单价		小计						
		未计价材料费						

续表

定额编号	定额名称	定额单位	数量	单价				合价			
				人工费	材料费	机械费	管理费和利润	人工费	材料费	机械费	管理费和利润
	清单项目综合单价										
材料费明细	主要材料名称、规格、型号				单位	数量	单价（元）	合价（元）	暂估单价（元）	暂估合价（元）	
	其他材料费								—		
	材料费小计								—		

Ⅲ. 电气和自动化控制工程

工程背景资料如下：

1. 题 5-3-1 图为某配电房电气平面图，题 5-3-2 图为配电箱系统图、设备材料表。该建筑物为单层平屋面砖、混凝土结构，建筑物室内净高为 4.00m，雨棚板底距室外地坪 3.5m。图中括号内数字表示线路水平长度，配管进入地面或顶板内深度均按 0.05m，穿管规格：BV2.5 导线穿 3~5 根，均采用刚性阻燃管 PC20，其余按系统图。

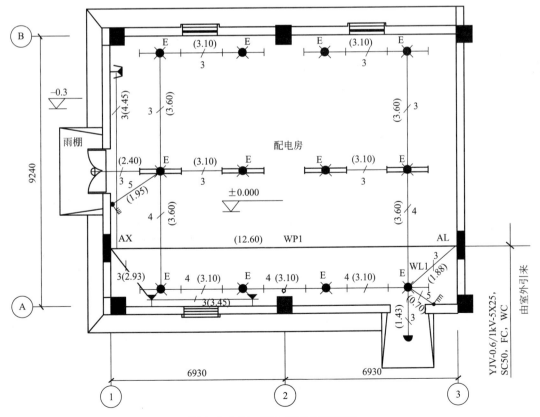

题 5-3-1 图　配电房电气平面图

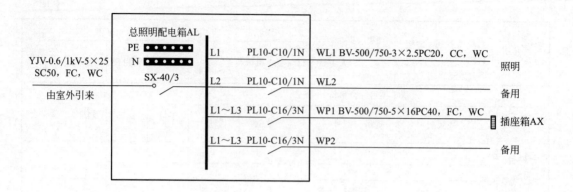

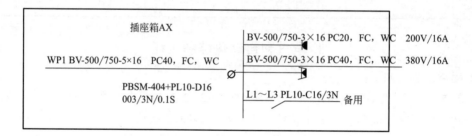

设备材料表

序号	图例	材料/设备名称	型号规格	单位	备注
1	▬	总照明配电箱AL	非标定制 600(宽)×800(高)×200(深)	台	嵌入式，安装高度底边 离地1.5m
2	▬	插座箱AX	PZ30，300(宽)× 300(高)×120(深)	台	嵌入式，安装高度底边 离地0.5m
3	◡	吸顶灯	1×32W，D350	套	吸顶安装
4	├─×─┤ E	双管荧光灯　自带蓄电池	HYG218—2C，2×28W	套	应急时间不小于120min， 吸顶安装
5	├─×─┤ E	单管荧光灯　自带蓄电池	HYG118—2C，1×28W	套	应急时间不小于120min， 吸顶安装
6	⌐	四联单控暗开关	AP86K41—10，250V/10A	个	安装高度离地1.3m
7	▼	插座	220V/16A	个	安装高度离地0.3m
8	⋔	动力插座	380V/16A	个	安装高度离地1.4m

题 5-3-2 图　配电箱系统图、设备材料表

2. 该工程的相关定额、主材单价及损耗率见题 5-3-1 表。

题 5-3-1 表　　　　　　　　　相关定额、主材单价及损耗率

定额编号	项目名称	定额单位	安装基价（元）			主材	
			人工费	材料费	机械费	单价	损耗率（%）
4-2-75	插座箱嵌入式安装半周长 1m 以内	台	102.30	34.40	0	500.00 元/台	
4-2-77	成套配电箱嵌入式安装半周长 1.5m 以内	台	131.50	37.90	0	4000.00 元/台	
4-1-14	无端子外部接线导线截面 ≤2.5mm²	个	1.20	1.44	0		
4-4-26	压铜接线端子导线截面 ≤16mm²	个	2.50	3.87	0		
4-12-1373	砖、混凝土结构暗配刚性阻燃管 PC20	10m	54.00	5.20	0	2.00 元/m	6
4-12-137	砖、混凝土结构暗配刚性阻燃管 PC40	10m	66.60	14.30	0	5.00 元/m	6
4-13-5	管内穿照明线铜芯导线截面 ≤2.5mm²	10m	8.10	1.50	0	1.80 元/m	16
4-13-28	管内穿动力线铜芯导线截面 ≤16mm²	10m	8.10	1.80	0	11.50 元/m	5
4-14-2	吸顶灯具安装灯罩周长 ≤1100mm	套	13.80	1.90	0	100.00 元/套	1
4-14-204	荧光灯具安装吸顶式单管	套	13.90	1.50	0	120.00 元/套	1
4-14-205	荧光灯具安装吸顶式双管	套	17.50	1.50	0	180.00 元/套	1
4-14-380	四联单控开关安装	个	7.00	0.80	0	15.00 元/个	2
4-14-430	单相暗插座 16A	10 套	124.30	9.01	0	90.00 元/套	2
4-14-432	三相暗插座 16A	10 套	122.04	8.34	0	130.00 元/套	2

注：表内费用均不包含增值税可抵扣的进项税额。

3. 该工程的人工费单价（综合普工、一般技工和高级技工）为 100 元/工日，管理费和利润分别按人工费的 40% 和 20% 计算。

4. 相关分部分项工程量清单项目编码及项目名称见题 5-3-2 表。

题 5-3-2 表　　　　　　　　　相关分部分项工程量清单项目编码

项目编码	项目名称	项目编码	项目名称
030404017	配电箱	030411001	配管
030404018	插座箱	030411004	配线
030404034	照明开关	030412001	普通灯具
030404035	插座	030412005	荧光灯

问题：

1. 按照背景资料 1~4 和题 5-3-1 图及题 5-3-2 图所示内容，根据《建设工程工程量

清单计价规范》GB 50500 和《通用安装工程工程量计算规范》GB 50856 的规定，列式计算配管（PC20、PC40）和配线（BV2.5mm^2、BV16mm^2）的清单工程量；计算各分部分项工程的清单工程量及综合单价与合价，编制完成题 5-3-3 表"分部分项工程和单价措施项目清单与计价表"，（答题时不考虑总照明配电箱的进线管道和电缆，不考虑开关盒和灯头盒）。

题 5-3-3 表　　　　　　　　分部分项工程和单价措施项目清单与计价表

序号	项目编码	项目名称	项目特征描述	计量单位	工程量	金额（元）		
						综合单价	合价	其中：暂估价
合　计								

2. 设定"该工程总照明配电箱 AL"的清单工程量为 1 台，其余条件均不变，根据背景资料 2 中的相关数据，编制完成题 5-3-4 表总照明配电箱 AL 的"综合单价分析表"。（计算结果保留两位小数）

题 5-3-4 表　　　　　　　　综合单价分析表

工程名称：配电房电气工程

项目编码			项目名称		计量单位		工程量	
清单综合单价组成明细								
定额编号	定额名称	定额单位	数量	单价（元）				合价（元）			
				人工费	材料费	机械费	管理费和利润	人工费	材料费	机械费	管理费和利润

续表

定额编号	定额名称	定额单位	数量	单价（元）				合价（元）			
				人工费	材料费	机械费	管理费和利润	人工费	材料费	机械费	管理费和利润
人工单价			小计								
		未计价材料费									
清单项目综合单价											
材料费明细	主要材料名称、规格、型号				单位		数量	单价（元）	合价（元）	暂估单价（元）	暂估合价（元）
	其他材料费										
	材料费小计										

专家权威详解

模拟题一答案与解析

试题一：

问题 1：

货价 = 230×6.8 = 1564（万元）

国外运输费 = 1564×7% = 109.48（万元）

国外运输保险费 = (1564+109.48)×3.6‰/(1-3.6‰) = 6.05（万元）

银行财务费 = 1564×4.5‰ = 7.04（万元）

进口设备原价 = 1564+109.48+6.05+7.04+6 = 1692.56（万元）

基本预备费 = (3500+450+1692.56+50)×10% = 569.26（万元）

建设投资 = 3500+450+1692.56+50+569.26 = 6261.82（万元）

问题 2：

建设期第 1 年贷款利息：6000×60%×80%×1/2×1/2×5% = 36（万元）

建设期第 2 年贷款利息：

(6000×60%×80%×1/2+36)×5%+6000×60%×80%×1/2×1/2×5% = 109.8（万元）

建设期贷款利息合计：36+109.8 = 145.8（万元）

问题 3：

年固定资产折旧费 = (6000+145.8)/20 = 307.29（万元）

投入使用第 1 年期初借款为 = 6000×60%×80%+145.8 = 3025.80（万元）

投入使用第 1 年应偿还的本金 = 3025.8/10 = 302.58（万元）

投入使用第 1 年应偿还的利息 = 3025.80×5% = 151.29（万元）

问题 4：

投入使用第 1 年总成本费用 = 经营成本+折旧+摊销+利息+维持运营投资
　　　　　　　　　　　　　 = 2500+307.29+151.29 = 2958.58（万元）

投入使用第 1 年所得税 = (800-2958.58)×25% = -539.65（万元）<0

所以，第 1 年所得税为 0

问题 5：

投资额：(12.01-141.75)/141.75/10% = -9.15（或 9.15%）

单位产品价格：(387.76-141.75)/141.75/10% = 17.36（或 17.36%）

年经营成本：(45.69-141.75)/141.75/10% = -6.78（或 6.78%）

敏感性排序为：单位产品价格、投资额、年经营成本。

单位产品价格的临界点为：-141.75×10%/(387.76-141.75) = -5.8%

单因素敏感性分析图如答 1-1 图所示。

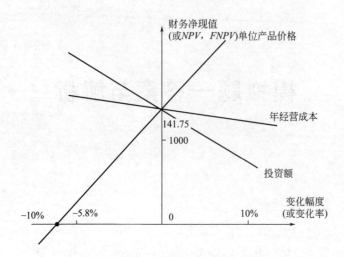

答1-1图　单因素敏感性分析图

试题二：

问题1：

A 企业决策树如图答2-1图所示。

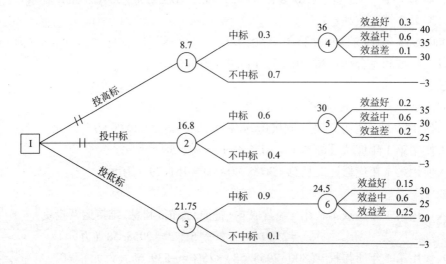

答2-1图　A 企业决策树

机会点④期望利润＝40×0.3+35×0.6+30×0.1＝36（万元）

机会点⑤期望利润＝35×0.2+30×0.6+25×0.2＝30（万元）

机会点⑥期望利润＝30×0.15+25×0.6+20×0.25＝24.5（万元）

机会点①期望利润＝36×0.3-3×0.7＝8.7（万元）

机会点②期望利润＝30×0.6-3×0.4＝16.8（万元）

机会点③期望利润＝24.5×0.9-3×0.1＝21.75（万元）

由于投低标期望利润 21.75>投中标期望利润 16.8>投高标期望利润 8.7，所以投低标合理。

问题 2：

事件 1：B 投标单位废标。原因：B 投标报价中暂列金为 60 万元，没有按照招标文件中的 50 万报价，B 企业没有响应招标文件的实质性要求，不符合建设工程工程量清单计价规范要求。

事件 2：C 投标单位有效。原因：未对"照明开关"填写单价和合价，认为已经报到其他项目综合单价中了。

事件 3：D 企业投标人废标。原因：通过联合体资格预审后联合体成员不得变动。

问题 3：

业主的做法妥当。

合同签订前，业主与 A 企业进行了合同谈判，要求在合同中增加一项原招标文件中未包括的零星工程，并没有违背合同约定的关于工期、造价、质量等方面的实质性内容。

合同价应为 515 万元。

问题 4：

A 企业做法不正确。原因：本项目全部工作转让给 B 企业，属于违法转包。

B 企业做法不正确。原因：B 企业又将 1/3 工程分包给 C 企业，属于违法分包。

试题三：

问题 1：

事件 1 中：

1. 施工顺序：C→B→H；

2. 土方施工机械最少闲置时间是 10 天。

问题 2：

施工单位在山体滑坡和泥石流事件中应承担损失的内容：

施工机械损失 8 万元，施工单位周转材料损失 30 万元，施工办公设施损失 3 万元，施工人员受伤损失 2 万元。

业主在山体滑坡和泥石流事件中应承担损失的内容：

施工待用材料损失 24 万元，修复工作发生人材机费用共 21 万元。

施工单位可以获得的费用补偿 = [24+21×(1+10%)×(1+6%)]×(1+4%)×(1+9%) = 54.96（万元）

项目监理机构应批准的工期延期天数为 30 天，山体滑坡和泥石流事件按照不可抗力处理且 A 是关键工作，工期损失应当顺延。

问题 3：

事件 3 中：

1. 窝工补偿费用 = (150×50+20×1500×60%)×(1+4%)×(1+9%) = 2.89（万元）

基础分部工程增加的工程造价 = [25×(1+10%)×(1+6%)×(1+25%)]×(1+4%)×(1+9%) = 41.31（万元）

2. 施工单位索赔工期 10 天；理由：工作 F 的工作时间增加是由非甲施工单位原因造成的，但工作 F 有 10 天的总时差（只影响工期 10 天），故应索赔工期 10 天。

费用索赔 = 2.89+41.31 = 44.20（万元）

问题 4：

事件 4 中：

1. 项目监理机构应批准窝工补偿费用 =（200×50)×（1+4%)×（1+9%)= 11336（元)= 1.13（万元）

2. 项目监理机构不应批准工程延期 20 天（或：应批准工程延期 10 天)；理由：工作 F 的工作时间增加 20 天，但只影响工作 P 晚开始 10 天，故应批准工程延期 10 天。

问题 5：

1. 建筑垃圾挖运（Ⅲ类土）作业内容不明确，没有具体的施工方案，挖运机械选择、挖运方式、建筑垃圾处理方式、运距等均没有说明。

2. 回填土作业内容不明确，没有具体的施工方案。

3. 签证单中没有说明变更发生的具体时间。在使用有时效性的计价依据时，容易引起争议。

4. 签证单中没有图示说明和工程量计算过程。

5. 签证单中没有监理、建设单位的签证意见。现场签证一般情况下需要建设、监理、施工单位三方共同签字、盖章才能生效。缺少任何一方都属于不规范的签证，不能作为结算的依据。

试题四：

问题 1：

质量保证金 = 30850×3% = 925.5（万元）

预付款 = 30850×20% = 6170（万元）

第 7 个月应扣留的预付款为：6170/10 = 617（万元）

工程质量保证金扣留至足额时预计应完成的工程价款为：

700+1050+1200+1450+1700+1700+1900 = 9700（万元)，相应月份为第 7 个月

前 6 个月预计累计扣留的质量保证金为：（700+1050+1200+1450+1700+1700)×10% = 780（万元）

第 7 个月应扣留的质量保证金为：925.5-780 = 145.5（万元）

问题 2：

（1670-1320)/1320 = 26.52%，大于 15%，应该调整综合单价。

项目监理机构应批准的合同价款增加额为：（1670-1320×1.15)×378×0.9+1320×0.15×378 = 126554.4 元 = 12.66（万元）

问题 3：

暂估价工程应增加的合同价款为：357-300 = 57（万元）

承包人参加投标的专业工程，应由发包人作为招标人，与组织招标工作有关的费用由发包人承担，承包人不能要求建设单位另外增加招标采购费用 3 万元。

问题4：

第3个月实际支付的工程进度款为：1200×（1-10%）=1080（万元）

第5个月实际支付的工程进度款为：（1700+12.66）×（1-10%）-617=924.39（万元）

5月比原计划多扣质保金12.66×10%=1.266（万元）

第7个月实际支付的工程进度款为：

1900+57-（145.5-1.266）-617=1195.77（万元）

第15个月实际支付的工程进度款为：2100万元。

问题5：

工程量的变化幅度=（1520-1824）/1824=16.67%＞15%

综合单价的变化率=（60-45）/60=25%＞15%

60×（1-6%）×（1-15%）=47.94（元/m²）

清单投标报价中的综合单价45元/m²＜47.94元/m²，所以综合单价可调至47.94元/m²。

试题五：

I. 土木建筑工程

问题1：

答5-1-1表　　　　　　　　　　**分部分项工程量计算表**

序号	分项工程名称	计量单位	工程数量	计算过程
1	挖沟槽土方	m³	187.2	（22.80+13.2）×2=72 1.3×（2.2+0.1-0.3）×72=187.2
2	挖基坑土方	m³	7.84	1.4×1.4×（2.2+0.1-0.3）×2=7.84
3	混凝土条形基础	m³	38.52	（1.10×0.35+0.5×0.3）×72=38.52
4	混凝土独立基础	m³	1.55	［1.20×1.20×0.35+1/3×0.35×（1.20×1.20+0.36×0.36+1.20×0.36）+0.36×0.36×0.30］×2=1.55
5	混凝土基础垫层	m³	9.75	带形：1.3×0.1×72=9.36 独立：1.4×1.4×0.1×2=0.39 合计：9.36+0.39=9.75
6	基础回填	m³	118.10	室外地坪以下墙的体积=0.3×（2.3-0.75-0.3）×72=27 室外地坪以下柱的体积=0.26×0.26×（2.3-1.1-0.3）×2=0.12 回填土=（187.2+7.84）-38.52-1.55-9.75-27-0.12=118.10

问题2：

答5-1-2表　　　　　　　　　　**模板工程量计算表**

序号	模板名称	计量单位	工程数量	计算过程
1	独立基础组合钢模板	m²	4.22	（0.35×1.20+0.30×0.36）×4×2=4.22

问题3：

答5-1-3表　　方案工程量计算表

序号	项目名称	计量单位	工程数量	计算过程
1	挖一般土方	m^3	799.64	$(10.8+6+6+0.65\times2+0.3\times2+0.33\times2)\times(2.7+4.2+2.1+4.2+0.65\times2+0.3\times2+0.33\times2)\times2+1/3\times0.33^2\times2^3=799.64$

问题4：

答5-1-4表　　综合单价计算过程

混凝土方案综合单价＝(13.07×96+10.1×345+10.52×7.85+33.03×3.95+0.52×30.67+3.27)×(1+12%)(1+6%)/10＝590.22（元/m^3）

模板方案综合单价＝25.68×(1+12%)(1+6%)＝30.49（元/m^2）

方案总费用＝590.22×10+30.49×15.52＝6375.40（元）

清单综合单价＝6375.36/10＝637.54（元）

答5-1-5表　　分部分项工程清单与计价表

序号	项目编码	项目名称	项目特征	单位	工程量	金额（元）	
						综合单价	合价
1	010501001001	混凝土垫层	1. 商品混凝土 2. C15 3. 木模板	m^3	10	637.54	6375.40

问题5：

答5-1-6表　　单位工程投标报价汇总表

序号	项目名称	金额（元）
1	分部分项工程量清单合计	858000
2	措施项目清单合计	171600
3	其他项目清单合计	101700
3.1	暂列金额	60000
3.2	材料暂估价	0
3.3	专业工程暂估价	30000
3.4	计日工	10800
3.5	总包服务费	900
4	规费［(1)＋(2)＋(3)］×7%	79191
5	税金［(1)＋(2)＋(3)＋(4)］×9%	108944.19
6	合计	1319435.19

Ⅱ. 管道和设备工程

问题1：

给水管道工程量的计算：

1. DN50 的镀锌钢管工程量的计算式：

1.5+0.12+（3.6-0.2）+（5-0.2-0.2）+［（2+0.45）+（2+1.5）］=15.57（m）

2. DN32 的镀锌钢管工程量的计算式：

（3+3）+（3+3）=12（m）

3. DN25 的镀锌钢管工程量的计算式：

3+3+（1.08+0.83+0.54+0.9+0.9）×4=23（m）

4. DN20 的镀锌钢管工程量的计算式：

（10.2-9.45）+［（0.69+0.8）+（0.36+0.75+0.75+0.75）］×4=17.15（m）

5. DN15 的镀锌钢管工程量的计算式：

［0.91+0.25+（9.8-9.45）］×4=6.04（m）

排水管道工程量的计算：

1. DN100 的铸铁排出管工程量计算式：

（3+0.24+0.13）×2=6.74（m）

2. De110 的 UPVC 塑料管工程量计算式：

WL-1：2.4+12+0.7=15.10（m）

WL-2：2.4+12+0.7+［（6-0.24-0.13-0.2）+（0.25×5+0.55×6）］×4=55.02（m）

De110 的 UPVC 小计：15.10+55.02=70.12（m）

3. De50 的 UPVC 塑料管工程量计算式：

WL-1：［（6-0.24-0.13-0.2）+0.6×2+0.2×7+0.55×9］×4=51.92（m）

WL-2：（0.6+0.55）×4=4.6（m）

De50 的 UPVC 小计：51.92+4.6=56.52（m）

问题2：

答 5-2-1 表   **分部分项工程和单价措施项目清单与计价表**

序号	项目编码	项目名称	项目特征描述	计量单位	工程量	金额（元）	
						综合单价	合价
1	031001001001	镀锌钢管	室内给水镀锌钢管 DN50 螺纹连接，水压试验，消毒冲洗	m	15.57	—	—
2	031001001002	镀锌钢管	室内给水镀锌钢管 DN32 螺纹连接，水压试验，消毒冲洗	m	12	—	—
3	031001001003	镀锌钢管	室内给水镀锌钢管 DN25 螺纹连接，水压试验，消毒冲洗	m	23	—	—
4	031001001004	镀锌钢管	室内给水镀锌钢管 DN20 螺纹连接，水压试验，消毒冲洗	m	17.15	—	—

续表

序号	项目编码	项目名称	项目特征描述	计量单位	工程量	金额（元）	
						综合单价	合价
5	031001001005	镀锌钢管	室内给水镀锌钢管 DN15 螺纹连接，水压试验，消毒冲洗	m	6.04	—	—
6	031001005001	铸铁管	铸铁管 DN100，承插式连接，闭水试验	m	6.74	—	—
7	031001006001	塑料管	UPVC 塑料管 De110，粘结，闭水试验，通球试验	m	70.12	—	—
8	031001006002	塑料管	UPVC 塑料管 De50，粘结，闭水试验	m	56.52	—	—
9	031003001001	螺纹阀门	螺纹阀门 J11T-10 DN50	个	2	—	—
10	031004002001	洗脸盆	洗脸盆普通冷水嘴（上配水）	组	8	—	—
11	031004004001	洗涤盆	成品拖布池	组	4	—	—
12	031004006001	大便器	大便器 手压阀冲洗	组	20	—	—
13	031004007001	小便器	小便器 延时自闭式阀冲洗	组	16	—	—
14	031004014001	给、排水附（配）件	水龙头 普通水嘴	个（组）	4	—	—
15	031004014002	给、排水附（配）件	De50 地漏（带水封）	个	12	—	—
16	031004014003	给、排水附（配）件	De110 地面扫出口	个	4	—	—
17	031002003001	套管	DN100 防水钢套管	个	2	—	—
18	031002003002	套管	DN50 防水钢套管	个	1	—	—
19	031002003003	套管	DN32 普通钢套管	个	4	—	—
20	031002003004	套管	DN25 普通钢套管	个	6	—	—
21	031002003005	套管	DN20 普通钢套管	个	4	—	—

问题 3：

答 5-2-2 表　　　　　　　　　　**综合单价分析表**

工程名称：某厂区　　　　　　标段：办公楼卫生间给水管道安装　　　　　第 1 页　共 1 页

项目编码	031001001002	项目名称	DN32 镀锌钢管	计量单位	m	工程量	12

清单综合单价组成明细

定额编号	定额名称	定额单位	数量	单价（元）				合价（元）			
				人工费	材料费	机械费	管理费和利润	人工费	材料费	机械费	管理费和利润
8-176	DN32 镀锌钢管安装，螺纹连接	10m	0.1	248.60	48.06	1.12	149.16	24.86	4.81	0.11	14.92

续表

定额编号	定额名称	定额单位	数量	单价（元）				合价（元）			
				人工费	材料费	机械费	管理费和利润	人工费	材料费	机械费	管理费和利润
8-478	DN50 以内管道消毒冲洗	100m	0.01	58.76	40.24	0	35.26	0.59	0.40	0	0.35

人工单价		小　计			25.45	5.21	0.11	15.27
120 元/工日		未计价材料费				10.96		
	清单项目综合单价					57		

材料费明细	主要材料名称、规格、型号	单位	数量	单价（元）	合价（元）	暂估单价（元）	暂估合价（元）
	DN32 镀锌钢管	m	1.02	6.80	6.94		
	镀锌钢管管件（综合）	个	0.803	5.00	4.02		
	其他材料费				5.21		
	材料费小计				16.17		

问题 4：

1. 填列表中第四、五、六栏内容：

答 5-2-3 表　　　　　　　　施工期间钢材价格动态情况

施工时段	钢材用量（t）	当期市场价格（元）	价格变化幅度（100%）	是否调整及其理由	钢材材料费当期结算值（元）
一	二	三	四	五	六
1	60	4941	9.31%	>5%，应调增	281700
2	50	4683	3.61%	≤5%，不调	225000
3	40	4150	-7.78%	<-5%，应调减	175000

2. 各个时段钢材材料费当期结算值的计算：

（1）钢材价格上涨时，不调价的上限 $4520 \times (1 + 5\%) = 4746$（元）

价格变化幅度 = （当期市场价 − 市场基准价）/ 市场基准价

$(4941 - 4520) / 4520 = 9.31\%$

第 1 时段钢材材料费当期结算值计算：

$60 \times [4500 + (4941 - 4520 \times 1.05)] = 60 \times (4500 + 195) = 281700$（元）

（2）$(4683 - 4520) / 4520 = 3.61\%$

第 2 时段钢材材料费当期结算值计算：

$4500 \times 50 = 225000$（元）

（3）钢材价格下降时，不调价的下限 $4500 \times (1 - 5\%) = 4275$（元）

价格变化幅度=（当期市场价-中标价）/中标价

（4150-4500）/4500=-7.78%

第3时段钢材材料费当期结算值计算：

$40\times[4500+(4150-4500\times0.95)]=40\times(4500-125)=175000$（元）

Ⅲ. 电气和自动化控制工程

问题1：

WL3：

PC40管：（1.5+0.05）+6+（0.05+1.8）=9.4（m）

BV4mm^2：（0.5+0.3）×3+[（1.5+0.05）+6+（0.05+1.8）]×3=

2.4+28.2=30.6（m）

WL4：

PC40管：（1.5+0.05）+7.5+（0.05+1.8）=10.9（m）

BV4mm^2：（0.5+0.3）×3+[（1.5+0.05）+7.5+（0.05+1.8）]×3=

2.4+32.7=35.1（m）

PC40管小计：9.4+10.9=20.3（m）

BV4mm^{2}小计：30.6+35.1=65.7（m）

WL1：

PC20管：（3-1.5-0.3）+3+3.2+（3-1.3）+4.2+3.5+[3.2+（3-2.8）+1+2+（2.8-1.3）]+4+2+（3-1.3）+2.5+4+4.3+（3-1.3）=44.9（m）

BV1.5mm^2：

（0.5+0.3）×3+[（3-1.5-0.3）+3+4.2+3.5+[3.2+（3-2.8）+1+]+4+2.5+4+4.3+（3-1.3）]×3+[3.2+（3-1.3）+2+（2.8-1.3）+2+（3-1.3）]×4=

2.4+32.8×3+12.1×4=2.4+98.4+48.4=149.2（m）

WL2：

PC20管：（1.5+0.05）+2.5+2+4.5+6+7+4+4.3+（0.05+0.3）×13=

31.85+4.55=36.4（m）

BV2.5mm^2：（0.5+0.3）×3+[（1.5+0.05）+2.5+2+4.5+6+7+4+4.3+（0.05+0.3）×13]×3=2.4+36.4×3=111.6（m）

PC20管小计：44.9+36.4=81.3（m）

答5-3-1表　　　　　　　分部分项工程和单价措施项目清单与计价表

工程名称：住宅楼　　　　　　　　　　标段：一层照明

序号	项目编码	项目名称	项目特征描述	计量单位	工程量	金额（元）		
						综合单价	合价	其中：暂估价
1	030404017001	配电箱	照明配电箱AL，嵌入式安装 箱体尺寸：500×300×120	台	1	1053.82	1053.82	

续表

序号	项目编码	项目名称	项目特征描述	计量单位	工程量	综合单价	合价	其中暂估价
						金额（元）		
2	030412001001	普通灯具	普通灯具 YJ－BCD－9，吸顶安装	套	4	77.3	309.2	
3	030412004001	装饰灯	装饰灯 LED×101，吸顶安装	套	3	167.4	502.2	
4	030404033001	排风扇	普通 300 型轴流排风扇，吸顶安装	台	1	102.6	102.6	
5	030404034001	照明开关	单联单控暗开关 250V 10A	个	1	22.88	22.88	
6	030404034002	照明开关	双联单控暗开关 250V 10A	个	3	26.81	80.43	
7	030404035001	插座	普通暗插座 10A	个	7	23.61	165.27	
8	030404035002	插座	空调暗插座 16A	个	2	105.57	211.14	
9	030411006001	接线盒	暗装插座盒、灯头盒或开关盒86H50 型	个	19	8.64	164.16	
10	030411006002	接线盒	暗装空调插座盒 100H60 型	个	2	15.78	31.56	
11	030411001001	配管	PC20 砖、混凝土结构暗配	m	81.3	10.2	829.26	
12	030411001002	配管	PC40 砖、混凝土结构暗配	m	20.3	15.97	324.19	
13	030411004001	配线	管内穿线照明线路 BV－500/7001.5mm²	m	149.2	3.84	572.93	
14	030411004002	配线	管内穿线照明线路 BV－500/7002.5mm²	m	111.6	4.88	544.61	
15	030411004003	配线	管内穿线照明线路 BV－500/7004mm²	m	65.7	5.68	373.18	
		合　计					5287.43	

问题 2：

答 5-3-2 表　　　　　　　　综合单价分析表

工程名称：住宅楼　　　　　　标段：一层照明

项目编码	030411004002		项目名称	配线 BV2.5mm²		计量单位	m	工程量	60
清单综合单价组成明细									
定额编号	定额项目名称		定额单位	数量	单价（元）				合价（元）			
					人工费	材料费	机械费	管理费和利润	人工费	材料费	机械费	管理费和利润
	管内穿照明线 BV2.5mm²		10m	0.10	8.10	2.70	0	3.24	0.81	0.27	0	0.32
人工单价			小　计						0.81	0.27	0	0.32

续表

定额编号	定额项目名称	定额单位	数量	单价（元）				合价（元）			
				人工费	材料费	机械费	管理费和利润	人工费	材料费	机械费	管理费和利润
100 元/工日				未计价材料费				3.48			
清单项目综合单价								4.88			
材料费明细	主要材料名称、规格、型号			单位		数量		单价（元）	合价（元）	暂估单价（元)	暂估合价（元)
	绝缘导线 BV-500/700 2.5mm^2			m		1.16		3.00	3.48		
	其他材料费							—	0.27	—	
	材料费小计							—	3.75	—	

模拟题二答案与解析

试题一：

问题1：

建筑、安装工程费用为：$3100 \times (35\% + 30\%) \times 1.08 = 2176.20$（万元）

项目建设总投资为：$3100 + 2176.20 + 900 = 6176.20$（万元）

问题2：

1. 年固定资产折旧费 $= (6000 - 100) \times (1 - 4\%) \div 10 = 566.40$（万元）

2. 第2年的增值税

$= 600 \times 0.8 - 500 \times 0.8 - 100 = -20$（万元）$< 0$，故第2年应纳增值税额为0

第3年的增值税 $= 600 - 500 - 20 = 80$（万元）

第3年的增值税附加 $= 80 \times 9\% = 7.2$（万元）

3. 第3年调整所得税 $= \{(3000 - 600) - [(2000 - 500) + 566.40 + 7.2]\} \times 25\% = 81.60$（万元）

4. 第3年净现金流量 $= 3000 - (2000 + 80 + 7.2 + 81.60) = 831.20$（万元）

问题3：

1. 项目建设期贷款利息 $= 500 \times 0.5 \times 8\% = 20$（万元）

2. 年固定资产折旧费 $= (6000 - 100 + 20) \times (1 - 4\%) \div 10 = 568.32$（万元）

3. 第2年期初累计借款 $= 500 + 20 = 520$（万元）

第2至第5年等额偿还的本利和 $= 520 \times 8\% \times (1 + 8\%)^4 / [(1 + 8\%)^4 - 1] = 157.00$（万元）

第2年应偿还的利息 $= 520 \times 8\% = 41.60$（万元）

第2年应偿还的本金 $= 157.00 - 41.60 = 115.40$（万元）

第3年期初累计借款 $= 520 - 115.40 = 404.60$（万元）

第3年应偿还的利息 $= 404.60 \times 8\% = 32.37$（万元）

第3年应偿还的本金 $= 157.00 - 32.37 = 124.63$（万元）

4. 第3年的所得税

$= \{(3000 - 600) - [(2000 - 500) + 568.32 + 32.37 + 7.2]\} \times 25\%$

$= 73.03$（万元）

5. 第3年资本金净现金流量

$= 3000 - (2000 + 124.63 + 32.37 + 80 + 7.2 + 73.03) = 682.77$（万元）

试题二：

问题1：

答2-1表　　　　　　　　　　各方案功能权重计算表

	F_1	F_2	F_3	F_4	F_5	得分	权重
F_1	×	3	3	4	4	14	14/40＝0.350
F_2	1	×	2	3	3	9	9/40＝0.225
F_3	1	2	×	3	3	9	9/40＝0.225
F_4	0	1	1	×	2	4	4/40＝0.100
F_5	0	1	1	2	×	4	4/40＝0.100
合计						40	1.000

问题2：

1. 计算 A 方案的功能指数：

$W_A = 2×0.350+3×0.225+1×0.225+3×0.100+2×0.100 = 2.100$

$W_B = 3×0.350+1×0.225+2×0.225+2×0.100+1×0.100 = 2.025$

$W_C = 1×0.350+2×0.225+3×0.225+1×0.100+1×0.100 = 1.675$

所以，A 方案的功能指数 $F_A = 2.100÷(2.100+2.025+1.675) = 0.362$

2. A 方案的成本指数：$C_A = 205÷(205+196+189) = 0.347$

3. A 方案的价值指数：$V_A = F_A/C_A = 0.362÷0.347 = 1.042$

因为 B 方案的价值指数最大，所以应选择 B 方案。

问题3：

答2-2表　　　　　　　　　　功能指数和目标成本降低额计算表

功能项目	功能评分	功能指数	目前成本（万元）	目标成本（万元）	目标成本降低额（万元）
面层	30	0.441	38.80	35.29	3.51
基层	23	0.338	28.50	27.06	1.44
保温层	15	0.221	17.80	17.65	0.15
合计	68	1.000	85.10	80.00	5.10

由计算结果可知：功能项目改进最优先的为面层，其次为基层、保温层。

问题4：

事件1：时间不妥。招标人对已发出的招标文件进行必要的澄清或者修改的，应当在招标文件要求提交投标文件截止时间至少15日前，以书面形式通知所有招标文件收受人。

事件2：

存在以下不妥之处：

①4月30日招标人向 E 企业发出了中标通知书的做法不妥。因为按有关规定：依法

必须进行招标的项目，招标人应当自收到评标报告之日起 3 日内公示中标候选人，公示期不得少于 3 日。

②合同签订的日期违规。按有关规定招标人和中标人应当自中标通知书发出之日起 30 日内，按照招标文件和中标人的投标文件订立书面合同，即招标人必须在 5 月 30 日前与中标单位签订书面合同。

③ 6 月 15 日，招标人向其他未中标企业退回了投标保证金的做法不妥。因为按有关规定：招标人最迟应当在书面合同签订后 5 日内向中标人和未中标的投标人退还投标保证金及银行同期存款利息。

试题三：

问题 1：

事件 1：工期索赔成立，因为开工后第 10 天的基础工程施工是关键工作，并且是不可抗力造成的延误和清理修复花费的时间，所以可以索赔工期；模板损失费用，修复损坏的模板及支撑，清理现场时的窝工及机械闲置费用索赔不成立，因为不可抗力期间工地堆放的承包人部分周转材料损失及窝工闲置费用应由承包人承担；修理和清理工作发生的费用索赔成立，因为修理和清理工作发生的费用应由业主承担。

事件 2：工期和费用索赔均不能成立，因为此事件是承包人施工质量原因造成的，费用增加和工期延误应由承包人自己承担，且此事件并没有造成工期的延误。

事件 3：工期索赔成立，因为第 35 天时，结构安装工程是关键工作，且发生延误是因为发包人采购设备不全造成，属于发包方原因；现场施工增加的费用索赔成立，因为发包方原因造成的采购费用和现场施工的费用增加，应由发包人承担；采购费用 3500 元费用索赔不成立，因为是承包人自行决定采购补全，发包方未确认。

事件 4：工期和费用均不能索赔，因为承包人自身决定增加投入加快进度，相应工期不会增加，费用增加应由施工方承担。施工单位自行赶工，工期提前，最终可以获得工期奖励。

问题 2：

事件 1 可以索赔 3 天；事件 2 索赔 0 天；事件 3 可以索赔 6 天；事件 4 索赔 0 天。总工期索赔 3+6=9（天），实际工期 = 240+9-5=244（天）。

问题 3：

事件 1 费用索赔 = $30 \times 80 \times (1+18\%) \times (1+16.5\%) = 3299.28$（元）；

事件 3 费用索赔 = $[3 \times 30 \times 50 + 60 \times 80 \times (1+18\%) + 6 \times 1600 \times 60\%] \times (1+16.5\%) = 18551.46$（元）；

总费用索赔额 = 3299.28+18551.46=21850.74（元）。

工期奖励 = （240+9-244）×5000=25000（元）。

问题 4：

1. 确定流水步距 $K = \min\{20, 40, 40, 20\} = 20$

2. 确定专业队数目：$b_1 = t_1/K = 20/20 = 1$；$b_2 = 40/20 = 2$；$b_3 = 40/20 = 2$；$b_4 = 20/20 = 1$

专业工作队总数 n' 为：$1+2+2+1=6$

施工过程	工作队编号	施工进度(单位：天)											
		20	40	60	80	100	120	140	160	180	200	220	240
基础工程	I	①	②	③	④								
结构安装	II-1		①		③								
	II-2			②		④							
室内装修	III-1				①		③						
	III-2					②		④					
室外工程	IV						①		③				
								②	④				

答3-1图　加快流水施工进度计划

工期 $T=(m+n'-1)K+\sum G+\sum Z-\sum C=(4+6-1)\times20=180$（天）

按此施工时，计划工期为180天，可以提前60天完成项目，可以得到30万元工期提前奖励。

试题四：

问题1：

（1）合同价 $=[(2300\times580+3200\times560)/10000+50+66+54+10+20\times(1+5\%)]\times(1+6\%)\times(1+9\%)=593.413$（万元）

（2）材料预付款 $=[(2300\times580+3200\times560)/10000+50]\times(1+6\%)\times(1+9\%)\times20\%=83.79$（万元）

（3）安全文明施工费预付款 $=18\times(1+6\%)\times(1+9\%)\times70\%\times90\%=13.102$（万元）

问题2：

第4月：

（1）分项工程综合单价调整

甲分项工程累计完成工程量的增加数量超过清单工程量的15%，超过部分工程量：$2700-2300\times(1+15\%)=55$（m³），其综合单价调整为：$580\times0.9=522$（元/m³）

乙分项工程累计完成工程量的减少数量超过清单工程量的15%，其全部工程量的综合单价调整为：$560\times1.08=604.8$（元/m³）

（2）承包商已完工程款

$= \{[(600-55)\times580+55\times522+2700\times604.8-(700+900+800)\times560]/10000+(50+66)/4\}\times(1+6\%)\times(1+9\%)=106.732$（万元）

（3）业主应支付工程款$=106.732\times90\%-83.790/2=54.164$（万元）

问题3：

（1）分项工程项目费用调整

甲分项工程费用增加$=(2300\times15\%\times580+55\times522)/10000=22.881$（万元）

乙分项工程费用减少$=(2700\times604.8-3200\times560)/10000=-15.904$（万元）

小计：$22.8811-15.904=6.977$（万元）

（2）单价措施项目费用调整

甲分项工程模板及支撑费用增加$=12\times(2700-2300)/2300=2.087$（万元）

乙分项工程模板及支撑费用减少$=13\times(2700-3200)/3200=-2.031$（万元）

小计：$2.087-2.031=0.056$（万元）

（3）总价措施项目费用调整

$(6.977+0.056)\times2\%+6.977\times0.5\%=0.176$（万元）

（4）实际工程总造价

$=[(2300\times0.0580+3200\times0.056+50+6.977)+(66+0.056)+(54+0.176)+2.6+21\times(1+5\%)]\times(1+6\%)\times(1+9\%)=594.406$（万元）

问题4：

4月份乙分项工程的进度偏差$=(2700-3200)\times560\times(1+6\%)\times(1+9\%)=-32.351$（万元）

4月份乙分项工程的投资偏差$=2700\times(560-604.8)\times(1+6\%)\times(1+9\%)=-13.976$（万元）

问题5：

（1）工程质量保证金$=594.406\times5\%=29.720$（万元）

（2）竣工结算最终支付工程款$=594.406-83.790-29.720-450.934=29.962$（万元）

问题6：

竣工结算最终支付工程款$=594.406-29.720-534.724=29.962$（万元）

试题五：

Ⅰ．土木建筑工程

问题1：

（1）平整场地$=24.8\times15.5=384.4$（m²）

（2）挖一般土方$=(24.6+0.1\times2+0.4\times2+0.1\times2)\times(15+0.25\times2+0.4\times2+0.1\times2)\times(4.05-0.45)=1532.52$（m³）

（3）垫层混凝土$=(24.6+0.1\times2+0.4\times2+0.1\times2)\times(15+0.25\times2+0.4\times2+0.1\times2)\times0.1=42.57$（m³）

（4）筏板基础$=(24.6+0.1\times2+0.4\times2)\times(15+0.25\times2+0.4\times2)\times0.55=229.50$（m³）

（5）直形墙（剪力墙）混凝土清单量包括：

外墙长度＝[（24.6+0.1×2-0.25）+（15+0.25×2-0.25）]×2＝79.6（m）

内墙长度＝（1.65+1.65+0.25+0.9-0.1+0.9-0.15）×4＝20.4（m）

外墙混凝土＝79.6×0.25×（3.4-0.03）＝67.06（m³）

内墙混凝土＝20.4×0.2×（3.4-0.03）＝13.75（m³）

外墙中框架柱的混凝土＝0.5×0.25×（3.4-0.03）×4＝1.69（m³）

直形墙混凝土合计＝67.06+13.75+1.69＝82.50（m³）

（6）基础回填土＝基础土方量-室外地坪以下所有构件所占的体积

室外地坪下所有构件的体积包括：

1）垫层体积＝42.57（m³）

2）筏板体积＝229.50（m³）

3）地下室外边线所形成的体积＝24.8×15.5×（3.4-0.45）＝1133.98（m³）

基础回填土：1532.52-（42.57+229.50+1133.98）＝126.47（m³）

（7）余土外运：1532.52-126.47＝1406.05（m³）

（8）矩形柱：0.5×0.5×（3.4-0.03）×4＝3.37（m³）

答5-1-1表　　　　分部分项工程和单价措施项目清单与计价表

序号	项目编码	项目名称	项目特征	单位	工程量	金额（元）	
						综合单价	合价
1	010101001001	平整场地	1. 土壤类别：一般土； 2. 挖填平衡； 3. 机械平整	m²	384.40		
2	010101002001	挖一般土方	1. 土壤类别：一般土； 2. 弃土运距：40m； 3. 基底钎探	m³	1532.52		
3	010103001001	基础回填	1. 土质要求：原土回填； 2. 夯实：夯填； 3. 运输距离：40m	m³	126.47		
4	010103002001	余方弃置	弃土运距：5km	m³	1406.05		
5	010501001001	混凝土垫层	1. 商品混凝土； 2. C15	m³	42.57		
6	010501004001	满堂基础	1. 商品混凝土； 2. C30，P8	m³	229.50		
7	010504001001	直形墙（-0.030标高以下）	1. 商品混凝土； 2. C30； 3. 混凝土墙中的框架柱混凝土量并入墙（同时浇筑）	m³	82.50		
8	010502001001	矩形柱（-0.030标高以下）	1. 商品混凝土； 2. C30； 3. 框架柱	m³	3.37		

问题2：

定额挖土方量，即考虑工作面及放坡后的方案工程量 = $[25.8+0.3\times2+0.33\times(4.05-0.45)]\times[16.5+0.3\times2+0.33\times(4.05-0.45)]\times(4.05-0.45)+1/3\times0.33^2\times(4.05-0.45)^3 = 1818$（$m^3$）

其中：机械土方量 = $1818\times80\% = 1454.4$（m^3），人工土方量 = $1818\times20\% = 363.6$（m^3）

基底钎探量 = $25.8\times16.5 = 425.7$（m^2）

机械挖土综合单价 = $4544.94\times(1+15\%)/1000 = 5.23$（元/$m^3$）

人工挖土综合单价 = $417.6\times(1+15\%)/10 = 48.02$（元/$m^3$）

钎探综合单价 = $627.96\times(1+15\%)/100 = 7.22$（元/$m^3$）

挖基础土方清单综合单价 = $(1454.4\times5.23+363.6\times48.02+425.7\times7.22)/1532.52 = 18.36$（元/$m^3$）

答5-1-2表　　　　　　　　　　**基础土方综合单价分析表**

项目编码	010101002001		项目名称		挖一般土方	计量单位		m^3	工程量	1532.52
清单综合单价组成明细										
定额编号	定额名称	定额单位	数量（=方案量/清单量）/定额单位		单价（元）				合价（元）（定额中对应的单价×数量）	
					人工费	材料费	机械费	管理费和利润	人工费	材料费	机械费	管理费和利润
1~2	人工挖一般土方	10m^3	0.0237 =（363.6/1532.52）/10		417.60	0	0	62.64	9.91	0	0	1.48
1~21	挖土机挖一般土方	1000m^3	9.49×10^{-4} =（1454.4/1532.52）/1000		1520.64	0	3024.30	681.74	1.44	0	2.87	0.65
1~8	基底钎探	100m^2	2.78×10^{-3} =（425.7/1532.52）/100		554.88	73.08	0	94.19	1.54	0.20	0	0.26
人工单价		小计							12.89	0.20	2.87	2.39
96元/工日		未计价材料（元）							0			
清单项目综合单价（元/m^2）				18.35（=12.89+0.2+2.87+2.39）								
	主要材料名称、规格、型号		单位	数量	单价（元）	合计（元）		暂估单价（元）		暂估合计（元）	
	其他材料费（元）					0.20					
	材料费小计（元）					0.20					

问题3：

（1）安全文明施工费：185000×4.5%＝8325.00（元）

（2）措施项目费：25000+8325＝33325.00（元）

（3）规费：（185000+33325）×8%×24%＝4191.84（元）

（4）增值税：（185000+33325+4191.84）×11%＝20026.51（元）

答5-1-3表　　　　　　　单位工程招标控制价汇总表

序号	项目名称	金额（元）
1	分部分项工程费	185000.00
2	措施项目	33325.00
2.1	其中：安全文明施工费	8325.00
3	其他项目	0.00
4	规费	4191.84
5	税金	20026.51
招标控制价		242543.36

Ⅱ.管道和设备工程

问题1：

工程量的计算：

1.计算管道安装工程量

中压无缝钢管 $\phi133×6$

L_1：8.2+3+3+1+1.6×3＝20（m）

中压无缝钢管 $\phi108×5$

L_2：(3.6-1.6)×3+3+3+7+12+5+0.5+[4.5+(3.6-1.2)+1.8]×2＝53.90（m）

L_3：(4.6-2.6)×2+5+3+(5.2-4.6)＝12.60（m）

L_2+L_3＝53.90+12.60＝66.50（m）

2.计算管件、阀门、法兰安装工程量。

碳钢管件：DN125三通3个，焊接盲板1个；DN100弯头7个，三通6个；

法兰阀门：DN125 3个，DN100截止阀3个，DN100止回阀2个；

安全阀：DN100 1个；

碳钢对焊法兰 DN125 3片；

碳钢对焊法兰 DN100 2副。成副安装与单片安装的法兰宜分别列项。焊接盲板（封头）按管件连接计算工程量，以"个"为单位计量；配法兰的盲板不计安装工程量。碳钢对焊法兰 DN100：9片。

3.计算管架制作安装工程量。

工程量计算规则：管架制作安装，按设计图示质量以"kg"为计量单位。单件支架质量有100kg以下和100kg以上时，应分别列项。

该题管道支架为普通支架，其中 $\phi133×6$ 管支架共5处，每处26kg；$\phi108×5$ 管支架共 20 处，每处 25kg。工程量为 26×5+25×20＝630（kg）。

4. 计算 L3-φ108×5 管道 6 个焊口 X 光射线无损探伤工程量，胶片规格为 80mm×150mm。

计算规则：管材表面超声波探伤、管材表面磁粉探伤应根据项目特征（规格），按管材无损探伤长度以"m"为计量单位，或按管材表面探伤检测面积以"m^2"计算；焊缝 X 光射线、焊缝 γ 射线探伤应根据项目特征（底片规格，管壁厚度），以"张（口）"计算；焊缝超声波探伤、焊缝磁粉探伤根据项目特征（规格）以"口"计算。

每个焊口的长度为：

$L＝\pi D＝3.14×108＝339.12$（mm）

胶片规格为 80mm×150mm，搭接长度为 25mm：每个焊口需要的胶片数量为：$L/$（胶片长度－搭接长度×2）＝339.12/（150-25×2）＝3.39 张，即每个焊口需要 4 张。6 个焊口需要 24 张。

5. 计算管道刷油、绝热、保护层工程量。

管道刷油：

L_1：3.14×0.133×20＝8.35（m^2）

L_2：3.14×0.108×53.9＝18.28（m^2）

L_3：3.14×0.108×12.6＝4.27（m^2）

$L_1＋L_2＋L_3＝8.35＋18.28＋4.27＝30.90$（m^2）

管道绝热：

L_3：3.14×（0.108＋0.06×1.033）×0.06×1.033×12.6＝0.417（m^3）

管道保护层：

L_3：3.14×（0.108＋0.06×2.1＋0.0082）×12.6＝9.58（m^2）

问题 2：

答 5-2-1 表　　　　　分部分项工程和单价措施项目清单与计价表

序号	项目编码	项目名称	项目特征描述	计量单位	工程量	金额（元）		
						综合单价	合价	其中：暂估价
1	030802001001	中压碳钢管道	碳钢无缝钢管 D133×6mm、电焊弧、水压试验、空气吹扫	m	20			
2	030802001002	中压碳钢管道	碳钢无缝钢管 D108×5mm 电焊弧、水压试验、空气吹扫	m	66.5			
3	030805001001	中压碳钢管件	DN125，三通，电焊弧	个	3			
4	030805001002	中压碳钢管件	DN125，焊接盲板，电焊弧	个	1			
5	030805001003	中压碳钢管件	DN100，弯头，电焊弧	个	7			
6	030805001004	中压碳钢管件	DN100，三通，电焊弧	个	6			
7	030808003001	中压法兰阀门	DN125，J41H-25，对焊法兰连接	个	3			

续表

序号	项目编码	项目名称	项目特征描述	计量单位	工程量	金额（元）		
						综合单价	合价	其中：暂估价
8	030808003002	中压法兰阀门	DN100，逆止阀 H41H-25，对焊法兰连接	个	2			
9	030808003003	中压法兰阀门	DN100，J41H-25，对焊法兰连接	个	3			
10	030808005001	中压安全阀	DN100，安全阀 A41H-25，对焊法兰连接	个	1			
11	030811002001	中压碳钢焊接法兰	DN125，电焊弧	片	3			
12	030811002002	中压碳钢焊接法兰	DN100，电焊弧	副	2			
13	030811002003	中压碳钢焊接法兰	DN100，电焊弧	片	9			
14	030815001001	管架制作安装	普通支架	kg	630			
15	030816003001	焊缝 X 光射线探伤	胶片 80mm×150mm	张	24			
16	031201001001	管道刷油	除锈，油漆	m²	30.9			
17	031208002001	管道绝热	L_3 管：采用岩棉管壳（厚度为60mm）	m³	0.417			
18	031208007001	铝箔保护	L_3 管：铝箔保护层	m²	9.58			

问题3：

答 5-2-2 表　　　　　　　　　　综合单价分析表

项目编码	030802001001	项目名称	中压碳钢管道 φ133×6	计量单位	m	工程量	20

清单综合单价组成明细

定额编号	定额项目名称	定额单位	数量	单价（元）				合价（元）			
				人工费	材料费	机械费	管理费和利润	人工费	材料费	机械费	管理费和利润
	中压管道电弧焊	10m	0.1	184.22	15.65	158.71	147.38	18.42	1.57	15.87	14.74
	中低压管道水压试验	100m	0.01	599.96	76.12	32.30	479.97	6.00	0.76	0.32	4.80
	管道空气吹扫	100m	0.01	205.63	75.67	32.60	164.50	2.06	0.76	0.33	1.65
人工单价		小计						26.48	3.09	16.52	21.19
100 元/工日		未计价材料费（元）						323.68			
清单项目综合单价（元/m）								390.96			

材料费明细	主要材料名称、规格、型号	单位	数量	单价（元）	合价（元）	暂估单价（元）	暂估合价（元）
	碳钢无缝钢管 φ133×6	kg	58.85	5.5	323.68	—	—
	或：碳钢无缝钢管 φ133×6	m	0.941	343.97	323.68	—	—
	其他材料费（元）				3.09	—	—
	材料费小计（元）				326.77	—	—

说明：φ133×6 管道 62.54kg/m，单价 5.50 元/kg。

62.54kg/m×5.50 元/kg=343.97（元/m）

当工程量为 1m 时，消耗量 0.941m，折算为 0.941m×62.54kg/m=58.85（kg）。

Ⅲ.电气和自动化控制工程

问题 1：

1. 钢管 φ25 工程量计算：10+7+（0.2+0.1）×2+（0.2+0.3+0.2）×2=19（m）

2. 钢管 φ40 工程量计算：8+12+（0.2+0.1）×2+（0.2+0.3+0.2）×2=22（m）

3. 配线 BV4mm² 工程量计算：

{10+7+（0.2+0.1）×2+（0.2+0.3+0.2）×2+［1+（0.9+2）］×2}×4=

26.8×4=107.2（m）

（两个预留规则，电机处出管口后、配电箱盘面尺寸半周长）

4. 电缆 YJV4×16 工程量计算：

8+12+（0.2+0.1）×2+（0.2+0.3+0.2）×2+（1+2+1.5）×2=31（m）

5. 电缆桥架 200×100 工程量计算：22+［3-（2+0.1）］×2=23.8（m）

6. 电缆 YJV4×50 工程量计算：

22+［3-（2+0.1）］×2+（0.9+2+1.5）×2=32.6（m）

（1.5m 是每个电力电缆头预留的最小检修余量）

考虑 2.5% 的附加长度，总长度为 32.6×（1+2.5%）=33.42（m）

7. 接地母线工程量计算：

接地母线图示长度=0.8+0.3+0.7+0.5+2+5+5=14.3（m）

考虑 3.9% 的附加长度，总长度为=14.3×1.039=14.86（m）

问题 2：

答 5-3-1 表　　　分部分项工程和单价措施项目清单与计价表

序号	项目编码	项目名称	项目特征描述	计量单位	工程量	综合单价	合价
1	030404017001	配电箱	定型动力配电箱，落地式安装，900×2000×600（宽×高×厚）。基础型钢 10 号槽钢制作，其重量为 10kg/m	台	2	2705.06	5410.12
2	030411001001	配管	φ25 钢管暗敷	m	19	27.16	516.04
3	030411004001	配线	BV4m² 穿管敷设	m	107.2	6	643.2
4	030408003002	电缆保护管	φ40 钢管暗敷	m	22	43.09	947.98
5	030408001002	电力电缆	YJV4×16m² 穿管敷设	m	31	90.82	2815.42
6	030408001003	电力电缆	YJV4×50m² 沿桥架敷设	m	33.42	414.12	13839.89
7	030408006001	电力电缆头	YJV4×16mm²	个	4	92.68	370.72
8	030408006002	电力电缆头	YJV4×50mm²	个	2	186.96	373.92
9	030411003001	电缆桥架	200×100	m	23.80	83.58	1990.20

序号	项目编码	项目名称	项目特征描述	计量单位	工程量	金额（元）	
						综合单价	合价
10	030409002001	接地母线	镀锌扁钢接地母线 40×4（mm）	m	14.86	21.20	315.03
11	030409001001	接地极	镀锌角钢接地极 L 50×50×5（mm），每根 L=2.5m	根	3	88.90	266.7
12	030414011001	接地装置电气调整试验	接地电阻测试，小于4Ω	系统	1	76.01	76.01
			小计				27565.23

问题3：

配电箱综合单价计算：

说明：配电箱项目特征包括：名称，型号，规格，基础形式、材质、规格，接线端子材质、规格，端子板外部接线材质、规格，安装方式。工作内容包括：本体安装，基础型钢制作、安装，焊、压接线端子，补刷（喷）油漆，接地。

配电箱底盘尺寸：（0.9+0.6）×2=3（m）

基础型钢10号槽钢的净量：3m×10kg/m=30（kg），消耗量为30×（1+5%）=31.5（kg）

$[69.66+31.83+0+69.66×（55\%+45\%）+2000]+\{[5.02+1.32+0.41+5.02×（55\%+45\%）]×30+31.5×3.5\}+\{[9.62+3.35+0.93+9.62×（55\%+45\%）]×3\}$

$=2171.15+（353.1+110.25）+70.56=2705.06$（元/台）

答5-3-2表　　　　　　　　综合单价分析表

项目编码	030404017001			项目名称		动力配电箱		计量单位		台	
清单综合单价组成明细											
定额编号	定额名称	定额单位	数量	单价（元）				合价（元）			
				人工费	材料费	机械费	管理费和利润	人工费	材料费	机械费	管理费和利润
	成套配电箱安装（落地式）	台	1	69.66	31.83	0	69.66	69.66	31.83	0	69.66
	基础槽钢制作	kg	30	5.02	1.32	0.41	5.02	150.6	39.6	12.3	150.6
	基础槽钢安装	m	3	9.62	3.35	0.93	9.62	28.86	10.05	2.79	28.86
人工单价		小　计						249.12	81.48	15.09	249.12
100 元/工日		未计价材料费（元）						2110.25			
清单项目综合单价（元/m²）								2705.06			

续表

材料费明细	主要材料名称、规格、型号	单位	数量	单价（元）	合价（元）	暂估单价（元）	暂估合价（元）
	成套配电箱安装	台	1	2000	2000		
	基础槽钢	kg	31.5	3.5	110.25		
	其他材料费（元）				81.48		
	材料费小计（元）				2191.73		

问题4：

各项费用的计算过程如下：

1. 分部分项工程清单计价合计 = 100+100×10%×（54%+46%） = 110.00（万元）

2. 措施项目清单计价如下：

（1）脚手架搭拆费 = 100×10%×8%+100×10%×8%×25%×（54%+46%）

= 0.8+0.2 = 1.00（万元）

（2）安全防护、文明施工措施费 = 2.00（万元）

（3）其他措施项目费 = 3.00（万元）

措施项清单计价合计 = 1+2+3 = 6.00（万元）

3. 其他项目清单计价合计 = 暂列金额+专业工程暂估价+总承包服务费

= 1+2+2×3% = 3.06（万元）

4. 规费 = （分部分项工程费+措施项目费+其他项目费）×5%

= （110+6+3.06）×5% = 5.95（万元）

5. 税金 = （110+6+3.06+5.95）×9% = 125.01×9% = 11.25（万元）

6. 投标报价合计 = 110+6+3.06+5.95+11.25 = 136.26（万元）

答5-3-3表　　　　　　　　单位工程投标报价汇总表

序号	汇总内容	金额（万元）	其中		
			暂估价（万元）	安全文明施工费（万元）	规费（万元）
1	分部分项工程	110.00			
1.1	略				
1.2	略				
1.3	略				
……	略				
2	措施项目	6.00			
2.1	安全文明施工费等	2.00		2.00	
2.2	模板工程、脚手架工程等	4.00			
3	其他项目	3.06			

序号	汇总内容	金额（万元）	其 中		
			暂估价（万元）	安全文明施工费（万元）	规费（万元）
3.1	暂列金额	1.00			
3.2	专业工程暂估价	2.00			
3.3	计日工				
3.4	总包服务费	0.06			
4	规费	5.95			5.95
5	税金＝［(1)＋(2)＋(3)＋(4)]×9%	11.25			
投标报价合计＝(1)＋(2)＋(3)＋(4)＋(5)		136.26			

模拟题三答案与解析

试题一：

问题1：

建筑安装工程造价综合差异系数：

$17.18\% \times 1.21 + 58.31\% \times 1.26 + 9.18\% \times 1.38 + 15.33\% \times 1.41 = 1.29$

项目的建筑安装工程费用为：

$2000 \times 5000 \times 1.29 / 10000 = 1290.00$（万元）

问题2：

基本预备费 = $(1290.00 + 5000 + 1200) \times 10\% = 749.00$（万元）

静态投资 = $1290.00 + 5000 + 1200 + 749.00 = 8239.00$（万元）

建设期各年的静态投资额分别为：

第1年　$8239.00 \times 40\% = 3295.60$（万元）

第2年　$8239.00 \times 60\% = 4943.40$（万元）

价差预备费 = $3295.60 \times [(1+3\%)^1 \times (1+3\%)^{0.5} \times (1+3\%)^{1-1} - 1] + 4943.40 \times [(1+3\%)^1 \times (1+3\%)^{0.5} \times (1+3\%)^{2-1} - 1] = 528.55$（万元）

第一年建设期利息 = $7000 \times 40\% \times 0.5 \times 8\% = 112.00$（万元）

第二年建设期利息 = $(7000 \times 40\% + 112.00) \times 8\% + 7000 \times 60\% \times 0.5 \times 8\% = 400.96$（万元）

建设期利息 = $112.00 + 400.96 = 512.96$（万元）

流动资金 = $20 \times 45 = 900.00$（万元）

项目的建设投资 = $8239 + 528.55 + 512.96 + 900.00 = 10180.51$（万元）

问题3：

年固定资产折旧费：$(9000 - 70) \times (1 - 5\%) / 8 = 1060.44$（万元）

第8年的固定资产余值：$1060.44 \times (8-6) + (9000-70) \times 5\% = 2567.38$（万元）

问题4：

答1-1表　　　　　　　　项目投资现金流量表（单位：万元）

序号	项目	建设期		运营期					
		1	2	3	4	5	6	7	8
1	现金流入	0		1680	2800	2800	2800	2800	5517.38
1.1	营业收入（不含销项税额）			1560	2600	2600	2600	2600	2600
1.2	销项税额			120	200	200	200	200	200
1.3	补贴收入			0	0	0	0	0	0

续表

序号	项目	建设期		运营期					
		1	2	3	4	5	6	7	8
1.4	回收固定资产余值								2567.38
1.5	回收流动资金								150
2	现金流出	3600	5400	446.53	795.49	795.49	795.49	795.49	795.49
2.1	建设投资	3600	5400						
2.2	流动资金投资			150					
2.3	经营成本（不含进项税额)			162	270	270	270	270	270
2.4	进项税额			48	80	80	80	80	80
2.5	应纳增值税			2.00	120	120	120	120	120
2.6	增值税附加			0.18	10.80	10.80	10.80	10.80	10.80
2.7	维持运营投资								
2.8	调整所得税			84.35	314.69	314.69	314.69	314.69	314.69
3	所得税后净现金流量	-3600	-5400	1233.47	2004.51	2004.51	2004.51	2004.51	4721.89
4	累计税后净现金流量	-3600	-9000	-7766.53	-5762.02	-3757.51	-1753.00	251.51	4973.40
5	折现系数（10%)	0.9091	0.8264	0.7513	0.683	0.6209	0.5645	0.5132	0.4665
6	折现后净现金流	-3272.76	-4462.56	926.71	1369.08	1244.60	1131.55	1028.71	2202.76
7	累计折现净现金流量	-3272.76	-7735.32	-6808.61	-5439.53	-4194.93	-3063.38	-2034.67	168.09

该建设项目投资财务净现值（所得税后）= 168.09（万元）

动态投资回收期（所得税后）= (8-1)+|-2034.67|/2202.76 = 7.92（年）

建设项目动态投资回收期为 7.92 年小于行业基准投资回收期 $P_c = 8$ 年，建设项目财务净现值为 168.09 万元大于零，则该建设项目可行。

试题二：

问题1：

A 方案合同价现值：

$2600.00×10+30×[1/(1+8\%)^{20}+1/(1+8\%)^{40}]-10/(1+8\%)^{50}$

$=26007.60$（万元）

B 方案合同价现值：

$1520.00×10+21×[1/(1+8\%)^{10}+1/(1+8\%)^{20}+1/(1+8\%)^{30}+1/(1+8\%)^{40}]-12/(1+8\%)^{50}$

$=15217.03$（万元）

C 方案合同价现值：

$1860.00×10+26×[1/(1+8\%)^{15}+1/(1+8\%)^{30}+1/(1+8\%)^{45}]-15/(1+8\%)^{50}$

$=18611.27$（万元）

由上面计算结果可知，B 方案合同价现值最低，所以 B 方案为经济最优方案。

问题2：

1. 要求在领取招标文件的同时提交投标保证金不妥，可要求投标人递交投标文件时或在投标截止时间前提交投标保证金。

2. 各施工单位在同一张表格上进行了登记签收不妥，可能泄露其他潜在投标人的名称和数量等信息。

问题 3：

1. A 投标人：工期＝4＋10＋6＝20（月）；报价＝420＋1000＋800＝2220（万元），因工期超过 18 个月，投标文件无效。

2. B 投标人：工期＝3＋9＋6-2＝16（月）；报价＝390＋1080＋960＝2430（万元），投标文件有效。

3. C 投标人：工期＝3＋10＋5-3＝15（月）；报价＝420＋1100＋1000＝2520（万元），投标文件有效。

4. D 投标人：工期＝4＋9＋5-1＝17（月）；报价＝480＋1040＋1000＝2520（万元），投标文件有效。

5. E 投标人：工期＝4＋10＋6-2＝18（月）；报价＝400＋830＋850＝2080（万元）。

E 的报价最低，B 的报价次低，两者之差＝（2430-2080）/2430＝14.4% 小于 15%，投标文件有效。

问题 4：

1. B 投标人：

2430-（18-16）×40-10-20＝2320（万元）

2. C 投标人：

2520-（18-15）×40-10-15-30＝2345（万元）

3. D 投标人：

2520-（18-17）×40-10-15-20＝2435（万元）

4. E 投标人：

2080-10-15＝2055（万元）

第一中标候选人为 E 投标人；第二中标候选人为 B 投标人；第三中标候选人为 C 投标人。

试题三：

问题 1：

1. 事件 1：工期索赔成立，工程修复和场地清理的费用索赔成立，但周转材料损失、人员窝工和机械窝工的费用索赔不成立。

理由：特大暴雨属于不可抗力，工期损失是发包人应承担的风险，并且主体结构为关键工作。

工程修复和场地清理的费用损失是发包人应承担的责任，但周转材料损失、人员窝工和机械窝工的费用损失是承包人应承担的责任。

2. 事件 2：

（1）承包人向发包人提出的工期索赔和费用索赔均不成立。

理由：预留孔洞位置偏差过大是承包人应承担的责任事件，由此增加的费用和延误的工期均由承包人承担。

（2）专业分包人向承包人提出的工期索赔和费用索赔均不成立。

理由：预留孔洞位置偏差过大虽是承包人应承担的责任事件，但承包人自己安排工人进行返工处理，专业分包人没有费用损失；且设备基础与管沟工作总共加 10 天后，也不影响设备与管线安装的最早开始时间。

3. 事件 3：工期索赔成立，增加作业用工费用、人员窝工和机械窝工费用索赔均成立，但分包人自行决定采购发生的采购费索赔不成立。

理由：发包人采购成套生产设备的配套附件不全是发包人应承担的责任，且设备和管线安装是关键工作；但分包人自行决定采购补齐而发生的费用由分包人承担。

4. 事件 4 的工期索赔不成立，建设单位和施工单位共同延误，施工单位延误在前，建设单位承担 8 月 11 日至 12 日的 2 天工期延误，没有超过室内装修的总时差。

窝工费索赔成立，因为建设单位材料没有到场，导致施工单位 8 月 11～12 日的 2 天窝工损失。

5. 事件 5 的工期和费用索赔不成立。

理由：承包人将试运行部分工作提前安排是为了获得工期提前奖。

问题 2：

1. 各事件工期索赔：

（1）事件 1 索赔 3 天。

（2）事件 2 索赔 0 天。

（3）事件 3 索赔 6 天。

（4）事件 4 索赔 0 天。

（5）事件 5 索赔 0 天。

2. 总工期索赔 3+6=9（天）

3. 施工中发生的四件事全部考虑之后，关键线路为：①-②-③-④-⑤-⑥-⑦和①-②-③-⑤-⑥-⑦，实际工期：$40+(90+3)+30+(80+3+3)+30-5=274$（天）

问题 3：

1. 专业分包人可得到的费用索赔：

$(30 \times 3 \times 50+6 \times 1600 \times 60\%) \times 1.05 \times 1.15+60 \times 80 \times 1.18 \times 1.15=18902.55$（元）

2. 专业分包人应向承包人提出索赔。

问题 4：

1. 各事件费用索赔

（1）事件 1 费用索赔：$30 \times 80 \times 1.18 \times 1.15=3256.80$（元）

（2）事件 2 费用索赔：0

（3）事件 3 费用索赔：$18902.55+6 \times 20 \times 50 \times 1.05 \times 1.15=26147.55$（元）

（4）事件 4 费用索赔：$(40 \times 2 \times 50+2 \times 900 \times 60\%) \times 1.05 \times 1.15=6134.1$（元）

2. 总费用索赔：$3256.80+26147.55+6134.1=35538.45$（元）

3. 工期奖罚款：

（1）原合同工期为 270 天。

（2）新合同工期为：$270+9=279$（天）。

（3）实际工期为 274 天。

工期奖励 =（279-274）×5000 = 25000（元）

试题四：

问题 1：

（1）该工程的合同价 =（45.33+8+5）×（1+18.8%）= 58.33×1.188 = 69.296（万元）

（2）工程预付款 =（69.296-5×1.188）×20% = 12.671（万元）

（3）措施项目工程款 = 8×1.188×70%×80% = 5.322（万元）

问题 2：

4 月末的前锋线如答 4-1 图所示。

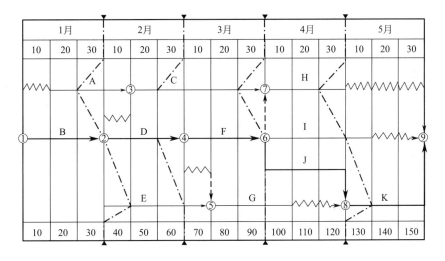

答 4-1 图　4 月末的前锋线图

承包商完成的工程款

（1）原合同工程价款 =（4.5×1/5+4.8×2/3+3.6×3/4+3.06+4.5×1/3+7.2×1/3+8× 30%/4）×1.188 = 14.36×1.188 = 17.060（万元）

（2）分项工程 H 主要材料费用增加 = 205×2/3×（65-60）×（1+12%）×（1+7%）×1.188 = 0.097（万元）

（3）人工费增加 =（120×2/3+280×3/4+150+180×1/3+150×1/3）×（50-45）×（1+12%）× （1+7%）×1.188 = 0.392（万元）

合计：17.06+0.097+0.392 = 17.549（万元）

业主应支付的工程款 = 17.549×80%-12.671/2 = 7.704（万元）

问题 3：

4 月底拟完工程计划投资累计 =（2.7+2.88+4.5+4.32+4.8+2.97+4.5+4.8+3.6×3/4+ 3.06）×1.188 = 37.23×1.188 = 44.229（万元）

4 月底已完工程计划投资累计 =（2.7+2.88+4.5+4.32+4.8+2.97+4.5+4.8×2/3+3.6× 3/4+3.06+7.2×1/3）×1.188 = 38.03×1.188 = 45.180（万元）

4月底已完工程实际投资累计=45.180+0.097+0.392=45.669(万元)

第4个月底进度偏差=45.180-44.229=0.951(进度提前)

第4个月底投资偏差=45.180-45.669=-0.489(投资增加)

问题4：

第5月材料上涨=205×1/3×(65-60)×(1+12%)×(1+7%)×1.188=0.049(万元)

第5月人工费上涨=(120×1/3+280×1/4+150×2/3)×(50-45)×(1+12%)×(1+7%)×1.188=0.149(万元)

实际造价=69.296-5×1.188+0.097+0.392+0.049+0.149=64.043(万元)

竣工结算款=64.043×(1-80%)=12.809(万元)

问题5：

应纳增值税=64.043/1.09×9%-(57.5/1.08×8%-0.2)=1.229(万元)

成本利润率=[64.043/1.09-(57.5/1.08+0.2)]/(57.5/1.08+0.2)×100%=9.944%

注：成本不含可抵扣进项税额。

试题五：

Ⅰ. 土木建筑工程

问题1：

答5-1-1表　　　　　　　　　　　建筑面积计算表

序号	部位	计量单位	建筑面积	计算过程
1	一层	m²	175.05	外墙结构外边线所围成的面积：3.6×6.24+3.84×11.94+3.14×1.5²×(1/2)+3.36×7.74+5.94×11.94+1.2×3.24=172.66 外保温的面积：外墙结构外边线长×保温层厚度=68.16×0.035=2.39 一层建筑面积：172.66+2.39=175.05
2	雨篷	m²	5.05	(2.4-0.12-0.035)×4.5×1/2=5.05

问题2：

答5-1-2表　　　　　　　　　　分部分项工程清单工程量计算表

序号	分项工程名称	计量单位	工程数量	计算过程
1	瓦屋面	m²	211.12	坡屋面=水平投影面积×延尺系数(1/cosα) 设南北坡角度为α，tanα=2.4/(5.85+0.12+0.6)=0.365297 α=20.067° secα=1/cosα=1/0.939=1.0646 设东西坡角度为β，tanβ=2.4/(3.6+0.72)=0.55556 β=29.05° secβ=1/cosβ=1/0.8742=1.144 水平投影面积=(5.7+14.34)×(5.85+0.12+0.6)/2×2×1.064+13.14×4.32/2×2×1.144+1.2×4.44×1.144=211.12

续表

序号	分项工程名称	计量单位	工程数量	计算过程
2	J轴~H轴与5轴相交砖墙(不考虑其中的圈梁与构造柱所占的体积)	m³	4.06	按山墙,取平均高度 J轴墙高度:6.6 H轴墙高度:6.6+tanα×2.4 = 7.4767 0.24×2.4×(6.6+7.4767)/2 = 4.06
3	厨房墙面镶贴块材	m²	35.83	[(3.9-0.24-0.016×2)+(3-0.24-0.016×2)]×2×(3.3-0.12)-0.9×2.1-1.5×1.8 = = 35.83 提示:窗台侧面、底面、顶面及门顶面、侧面镶贴的块材面积属于零星项目,应单独列项,不并入墙面
4	工人房水泥砂浆地面	m²	9.27	(3.6-0.24)×(3-0.24) = 9.27
5	工人房踢脚线	m²	1.7	[(3.6-0.24)+(3-0.24)]×2-0.9=11.34(m) 11.34×0.15 = 1.7(m²)
6	工人房顶棚涂料	m²	9.27	(3.6-0.24)×(3-0.24) = 9.27

问题3:

答5-1-3表　　　　　**分部分项工程和单价措施项目清单与计价表**

序号	项目编码	项目名称	项目特征描述	计量单位	工程量	金额		
						综合单价	合价	其中:暂估价
1	010401003001	二楼7轴~8轴与J轴~G轴卧室内墙面抹灰	1. 内墙立邦乳胶漆三遍(底漆一遍,面漆两遍); 2. 满刮普通成品腻子膏两遍; 3. 面层5mm厚1:0.5:3水泥石灰砂浆罩面压光; 4. 底层15mm厚1:1:6水泥石灰砂浆; 5.5厚1:2.5水泥砂浆	m²	33.93 提示:高度算至吊顶处,即3m	—	—	—
2	010901001001	瓦屋面	1. 铺红色水泥瓦; 2.25厚1:1:4水泥石灰浆	m²	211.12	—	—	—
3	010902002001	屋面涂膜防水	1.1.5厚聚氨酯涂膜防水层三遍; 2.20厚1:3水泥砂浆找平层	m²	211.12	—	—	—
4	011001001001	屋面保温	1.40厚现喷硬质发泡聚氨酯保温层; 2.10厚1:3水泥砂浆找平层; 3.3厚SBS卷材隔气层; 4.5厚1:3水泥砂浆找平层; 5.120厚现浇混凝土楼板	m²	211.12	—	—	—

序号	项目编码	项目名称	项目特征描述	计量单位	工程量	金额		
						综合单价	合价	其中：暂估价
5	011701001001	综合脚手架	1. 混合结构； 2. 檐口高 7.05m； 提示：檐口高度是指设计室外地坪至檐口滴水的高度（平屋顶系指屋面板底高度）	m²	338.23	—	—	—
6	011703001001	垂直运输	1. 混合结构； 2. 檐口高 7.05m； 提示：檐口高度是指设计室外地坪至檐口滴水的高度（平屋顶系指屋面板底高度）	m²	338.23	—	—	—
7	011704001001	超高工程附加	1. 混合结构； 2. 檐口高 7.05m； 3. 层数：2； 4. 单层建筑物檐口高度超过 20m，多层建筑物超过 6 层部分的建筑面积	m²	0	—	—	—

注：上表序号 1 中的原始计算式为 $(3.9-0.24+3-0.24)×2×3-1.5×1.8-0.9×2.1=33.93$（m²）。

问题 4：

答 5-1-4 表　　　　　　　　工人房水泥砂浆地面清单与计价表

序号	项目编码	项目名称	项目特征描述	计量单位	工程量	金额		
						综合单价	合价	其中：暂估价
1	011101001001	工人房水泥砂浆地面	1. 20厚 1：2.5 水泥砂浆抹面压实赶光； 2. 40厚 C15 细石混凝土随打随抹； 3. 3厚聚氨酯防水涂膜二遍； 4. 120厚 C20 混凝土垫层； 5. 素土夯实	m²	9.27	176.26	1633.92	—

解析思路：清单综合单价=方案费用/清单量

根据清单表中项目特征的描述，方案费用包括四部分内容：水泥砂浆面层；40 厚细石混凝土层；3 厚聚氨酯防水层；120 厚混凝土垫层。

根据定额和基价表，四部分综合单价计算如下：

1. 水泥砂浆综合单价 = [9.59×77+（2.02×480.66+150.2×0.42+3.86×7.85+22×3.44+23.94）]×（1+12%）×（1+4.5%）/100 = 22.27（元/m²）

2. 细石混凝土综合单价 = [13.43×77+（4.04×380+41.64）+2.54]×（1+12%）×（1+4.5%）/100 = 30.59（元/m²）

3. 防水层综合单价 = [32.24×77+（102.4×17+7.65×52+70.52）]×（1+12%）×（1+4.5%）/100 = 54.91（元/m²）

4. 混凝土垫层综合单价 = [10.13×77+（10.10×400+49.97）+0.25×26.02]×（1+12%）×（1+4.5%）/10 = 570.74（元/m³）

以上四部分合价 = 22.27×9.27+30.59×9.27+54.91×9.27+570.74×9.27×0.12 = 1633.92（元）

工人房水泥砂浆地面清单综合单价 = 1633.92/9.27 = 176.26（元/m²）

问题5：

1. 安全文明施工费：100000×3.5% = 3500（元）

2. 措施项目费：75000+3500 = 78500（元）

3. 人工费：100000.00×8%+78500×15% = 19775（元）

4. 规费：19775×21% = 4152.75（元）

5. 增值税：（100000+78500+5500+4152.75）×9% = 16933.75（元）

答5-1-5表　　　　　　　　　　单位工程最高投标限价汇总表

序号	汇总内容	金额（元）	其中暂估价（元）
1	分部分项工程	100000	
2	措施项目	78500	
2.1	其中:安全文明措施费	3500	
3	其他项目费	5500	
4	规费（人工费21%）	4152.75	
5	增值税9%	16933.75	
最高投标限价总价合计=1+2+3+4+5		205086.50	

II．管道和设备工程

问题1：

计算自动喷淋系统管道的分部分项清单工程量：

1. DN100 水喷淋钢管：

[2.2+0.37+（3.9+4.5+1.4）+0.63+3.6+2.9]×3+[1.1+（1.4-0.4）]×2+（0.63-0.25+3.6+2.9）= 33.58（m）

2. DN80 水喷淋钢管：4.9×2 = 9.8（m）

3. $DN70$ 水喷淋钢管：$1×2=2$ （m）

4. $DN50$ 水喷淋钢管：$[2.4+(3.9-1.8)+3.6]×2=16.2$ （m）

5. $DN40$ 水喷淋钢管：$3.6×2=7.2$ （m）

6. $DN32$ 水喷淋钢管：

$(3×3+1.9+2.9)×2=27.6$ （m）

7. $DN25$ 水喷淋钢管：

$(2.9×3+3×3+1+1.8+3.6)×2=48.2$ （m）

$0.3×(4×3+3)×2=9$ （m）

合计：$48.2+9=57.2$ （m）

问题2：

答5-2-1表　　　　　　　分部分项工程和单价措施项目清单与计价表

工程名称：某建筑　　　　　　标段：自动喷淋系统安装　　　　　第1页　共1页

序号	项目编码	项目名称	项目特征描述	计量单位	工程量	综合单价	合价	其中：暂估价
1	030901001001	水喷淋钢管	镀锌无缝钢管 $DN100$　螺纹连接　水冲洗 水压试验	m	35			
2	030901001002	水喷淋钢管	镀锌无缝钢管 $DN50$　螺纹连接　水冲洗 水压试验	m	20			
3	030901001003	水喷淋钢管	镀锌无缝钢管 $DN32$　螺纹连接　水冲洗 水压试验	m	30			
4	030901001004	水喷淋钢管	镀锌无缝钢管 $DN25$　螺纹连接　水冲洗 水压试验	m	60			
5	031003001001	螺纹阀门	消防专用信号蝶阀 BWSX100	个	2			
6	031003001002	螺纹阀门	ZP—88 铜制自动排气阀	个	2			
7	031003001003	螺纹阀门	自动泄水阀 $DN50$	个	2			
8	030901006001	水流指示器	ZSJZ·F $DN100$	个	2			
9	030901012001	消防水泵接合器	SQX100 地下式安装	套	2			
10	030901003001	水喷淋喷头	$DN25$ 水喷淋头	个	26			
11	031002001001	管道支架	管道支架现场制作安装	kg	120			
12	030905001001	水灭火控制装置调试	按水流指示器数量以点计算	点	2			

问题3：

答 5-2-2 表　　　　　　　　　综合单价分析表

工程名称：某建筑　　　　　标段：自动喷淋系统安装　　　　第1页　共1页

项目编码	030901001004		项目名称	DN25 水喷淋钢管		计量单位		m	工程量	1

				清单综合单价组成明细						

定额编号	定额名称	定额单位	数量	单价				合价			
				人工费	材料费	机械费	管理费和利润	人工费	材料费	机械费	管理费和利润
7-1	DN25 水喷淋管安装,螺纹连接	10m	0.1	205.66	10.33	5.35	164.53	20.57	1.03	0.54	16.45
7-57	DN50 以内自动喷水灭火系统管网水冲洗	100m	0.01	285.89	129.54	11.28	228.71	2.86	1.30	0.11	2.29

人工单价	小计				23.43	2.33	0.65	18.74
120 元/工日	未计价材料费				11.79			
清单项目综合单价					56.94			

材料费明细	主要材料名称、规格、型号	单位	数量	单价(元)	合价(元)	暂估单价(元)	暂估合价(元)
	DN25 水喷淋管	m	1.02	5.63	5.74		
	管件(综合)	个	0.723	8.37	6.05		
	其他材料费				2.33		
	材料费小计				14.12		

问题4：

报价浮动率 = 1 − (198.45 ÷ 216.70) = 8.42%

消防水泵接合器综合单价 = [476.42 + 274.59 × (50% + 30%) + 504] × (1 − 8.42%)

= 1200.09 × (1 − 8.42%) = 1099.04 （元）

Ⅲ. 电气和自动化控制工程

问题1：

1. 消火栓启泵管 SC20 工程量计算式：

(4 − 1.8) + 18 + (4 − 1.1) = 23.1 （m）

SC20 管中穿启泵线 ZR-BV-1.5mm^2 工程量计算式：（0.55+1.8）×4+［（4-1.8）+18+（4-1.1）］×4=101.8（m）

2. 消防电话管 SC15 工程量计算式：

（4-1.8）+35+（4-1.3）×3+（4-1.5）×3=52.8（m）

SC15 管中穿电话线 ZR-RVVP-2×1.0mm^2 工程量计算式：（0.55+1.8）+［（4-1.8）+35+（4-1.3）×3+（4-1.5）×3］=55.15（m）

3. 穿 4 根线的信号线与 DC24V 电源线的 SC20 工程量计算式：

（4-1.8）+3+2+7+2.4+2.6+（4-2.2）×3+1+5+4+（4-1.5）×2+2.5+（4-2.2）+8+7+7+5+6+4+（4-1.5）×2+2.5+（4-2.2）=90.2（m）

SC20 管中的 DC24V 电源线 ZR-BV-2.5mm^2 工程量计算式：（0.55+1.8）×2+90.2×2=185.1（m）

SC20 管中的信号线 ZR-RVS-2×1.5mm^2 工程量计算式：（0.55+1.8）+90.2=92.55（m）

4. 穿 2 根线的信号线 SC15 工程量计算式：

4.5+2.5+（4-0.2）+0.3+7+4+（4-1.1）+5+7+5+8+2.4×3=57.2（m）

SC15 管中的信号线 ZR-RVS-2×1.5mm^2 工程量计算式：

4.5+2.5+（4-0.2）+0.3+7+4+（4-1.1）+5+7+5+8+2.4×3=57.2（m）

SC20 管小计：23.1+90.2=113.3（m）

SC15 管小计：52.8+57.2=110（m）

信号线 ZR-RVS-2×1.5mm^2 小计：57.2+92.55=149.75（m）

DC24V 电源线 ZR-BV-2.5mm^2 为 185.1m

电话线 ZR-RVVP-2×1.0mm^2 为 55.15m

启泵线 ZR-BV-1.5mm^2 为 101.8m

答 5-3-1 表　　　　　**分部分项工程和单价措施项目清单计价表**

工程名称：办公楼　　　　　标段：一层火灾自动报警系统

序号	项目编码	项目名称	项目特征描述	计量单位	工程量	综合单价	合价	其中：暂估价
						金额(元)		
1	030411001001	配管	SC20 焊接钢管沿墙、楼板暗配	m	113.3	15.11	1711.96	
2	030411001002	配管	SC15 焊接钢管沿墙、楼板暗配	m	110	13.76	1513.6	
3	030411004001	配线	ZR-BV-2.5mm^2	m	185.1	8.21	1519.67	
4	030411004002	配线	ZR-BV-1.5mm^2	m	101.8	4.37	444.87	
5	030411004003	配线	ZR-RVS-2×1.5mm^2	m	149.75	10.06	1506.49	
6	030411004004	配线	ZR-RVVP-2×1.0mm^2	m	55.15	6.83	376.67	

续表

序号	项目编码	项目名称	项目特征描述	计量单位	工程量	综合单价	合价	其中：暂估价
						金额（元）		
7	030904001001	点型探测器	智能型光电感应探测器 JTY-GD-3001	个	19	171.88	3265.72	
8	030904003001	按钮	手动报警按钮（带电话插孔）	个	2	223.82	447.64	
9	030904003002	按钮	消火栓启泵按钮	个	1	216.61	216.61	
10	030904005001	声光报警器	组合声光报警装置	个	2	240.94	481.88	
11	030904006001	消防报警电话插孔（电话）	消防电话	部	2	119.12	238.24	
12	030904008001	模块（接口）	控制模块 HJ-1825	个	2	545.95	1091.9	
13	030904008002	模块（接口）	输入模块 HJ-1750B	个	2	450.81	901.62	
14	030904008003	模块（接口）	短路隔离器 HJ-175	个	1	604.52	604.52	
15	030904009001	区域报警控制器	火灾报警控制器，落地式安装，550mm×1800mm×450mm（宽×高×厚）	台	1	4937.38	4937.38	
16	030905001001	自动报警系统调试	总线制30点	系统	1	4563.13	4563.13	
			合计				23821.90	

问题2：

答 5-3-2 表　　　　　　　　　　**工程量清单综合单价分析表**

工程名称：办公楼　　　　　　　　　标段：一层火灾自动报警系统

项目编码	030411001002	项目名称	电气配管 SC15 焊接钢管沿墙、楼板暗配	计量单位	m

清单综合单价组成明细

定额编号	定额项目名称	定额单位	数量	单价（元）				合价（元）			
				人工费	材料费	机械费	管理费和利润	人工费	材料费	机械费	管理费和利润
2~1210	刚性阻燃管砖混结构暗配 φ15	100m	0.01	569.52	23.60	0	569.52	5.70	0.24	0	5.70

续表

定额编号	定额项目名称	定额单位	数量	单价（元）				合价（元）			
				人工费	材料费	机械费	管理费和利润	人工费	材料费	机械费	管理费和利润
人工单价				小计				5.70	0.24	0	5.70
100元/工日				未计价材料费（元）				2.12			
清单项目综合单价（元/m）							13.76				
材料费明细	主要材料名称、规格、型号	单位		数量	单价（元）	合价（元）		暂估单价（元）		暂估合价（元）	
	钢管 $\phi15$	m		1.06	2	2.12		—		—	
	其他材料费（元）					0.24		—		—	
	材料费小计（元）					2.36		—		—	

模拟题四答案与解析

试题一：

问题1：

拟建项目的建设投资 $= 2200 \times (40/30)^{0.7} \times (1+9\%)^2 = 3196.93$ （万元）

问题2：

建设投资贷款年实际利率 $= (1+5.84\%/12)^{12} - 1 = 6\%$

建设期贷款利息：

第一年建设期利息 $= 1000 \times 0.5 \times 6\% = 30.00$ （万元）

第二年建设期利息 $= (1000+30.00) \times 6\% + 1000 \times 0.5 \times 6\% = 91.80$ （万元）

建设期贷款利息合计 $= 30.00 + 91.80 = 121.80$ （万元）

问题3：

答1-1表   借款还本付息计划表（单位：万元）

项目	计算期							
	1	2	3	4	5	6	7	8
借款1								
期初借款余额		1030.00	2121.80	1636.78	1122.66	577.69		
当期还本付息			612.33	612.33	612.33	612.35		
其中:还本			485.02	514.12	544.97	577.69		
付息			127.31	98.21	67.36	34.66		
期末借款余额	1030.00	2121.80	1636.78	1122.66	577.69	0.00		
借款2								
期初借款余额			320.00	640.00	640.00	640.00	640.00	640.00
当期还本付息								
其中:还本								640.00
付息			12.80	25.60	25.60	25.60	25.60	25.60
期末借款余额			320.00	640.00	640.00	640.00	640.00	0.00
合计								
期初借款余额	0.00	1030.00	2441.80	2276.78	1762.66	1217.69	640.00	640.00
当期还本付息	0.00	0.00	612.33	612.33	612.33	612.35	0.00	0.00
其中:还本	0.00	0.00	485.02	514.12	544.97	577.69	0.00	640.00

项目	计算期							
	1	2	3	4	5	6	7	8
付息	0.00	0.00	140.11	123.81	92.96	60.26	25.60	25.60
期末借款余额	1030.00	2121.80	1956.78	1762.66	1217.69	640.00	640.00	0.00

固定资产总额 = (700+800+1000+1000) - 540 = 2960.00（万元）

年固定资产折旧额 = (2960.00+121.8)×(1-4%)/10 = 295.85（万元）

运营期末固定资产余值 = 295.85×(10-6)+(2960.00+121.8)×4% = 1306.67（万元）

问题4：

1. 增值税及附加

第3年的增值税 $= \dfrac{60}{1+17\%} \times 80 \times 17\% \times 0.7 - 120 \times 0.7 = 404.20$（万元）

第3年的增值税附加 = 404.20×9% = 36.38（万元）

第6年的增值税 $= \dfrac{60}{1+17\%} \times 80 \times 17\% - 120 = 577.44$（万元）

第6年的增值税附加 = 577.44×9% = 51.97（万元）

2. 总成本

第3年总成本 = 2240+295.85+540/6+140.11 = 2765.96（万元）

第6年总成本 = 3200+295.85+540/6+60.26+20 = 3666.11（万元）

3. 所得税

第3年所得税

$$= \left\{ \left[\left(60 \times 80 - \dfrac{60}{1+17\%} \times 80 \times 17\% \right) \times 70\% + 500 \right] - (2765.96 - 120 \times 70\% + 36.38) \right\} \times 25\% =$$

163.36（万元）

第6年所得税 $= \left[\left(60 \times 80 - \dfrac{60}{1+17\%} \times 80 \times 17\% \right) - (3666.11 - 120 + 51.97) \right] \times 25\% = 126.12$（万元）

问题5：

第3年资本金净现金流量

= (60×80×70%+500) - (485.02+140.11+160+2240+404.20+36.38+163.36)

= 230.93（万元）

问题6：

年产量盈亏平衡点：

$$BEP(Q) = \dfrac{(3666.11-120) \times 0.4}{60/(1+17\%) - (3666.11-120)/80 \times 0.6 - (60/(1+17\%) \times 17\% - 1.5) \times 9\%} =$$

59.01（万件）

结果表明，当项目产量小于59.01万件时，项目开始亏损；当项目产量量大于59.01万件时，项目开始盈利。

试题二：

问题1：

事件1：招标人准备了一份总采购通告，拟在向投标人公开发售之前30天送交世界银行不妥。

理由：当某一项目的资金来源已经初步确定（如已初步确定由世界银行提供货款，本国配套资金也已基本落实），项目初步设计已经完成，项目评估已经或接近完成，在项目评估阶段已经确定了须以国际竞争性招标方法进行采购的那部分设备和工程，就可以准备这样一份总采购通告，并及早送交世界银行，安排免费在联合国出版的《发展商务报》上刊登，送交世界银行的时间最迟不应迟于招标文件已经准备好，将向投标人公开发售之前60天。

事件2：不妥。

理由：对于投标，提交标书的方式不得加以限制（如规定必须寄交某邮政信箱），以免延误。

事件3：妥当。

理由：符合相关规定。

问题2：

如果在投标前未进行过资格预审，则应在评标后对标价最低并拟授予合同标书的投标人进行资格定审，以便审定他是否有足够的人力、财力资源来有效地实施采购合同。资格定审的标准应在招标文件中明确规定，其内容与资格预审的标准相同。如果评标价最低的投标人不符合资格要求，就应拒绝这一投标，而对次低标的投标人进行资格定审。

问题3：

（1）计算每台国产设备寿命周期的年费用

① 每台国产设备的购置费现值

$= 177.46 + 5 \times [1/(1+10\%)^3 + 1/(1+10\%)^6] + (1+6) \times \{[(1+10\%)^8 - 1]/[10\% \times (1+10\%)^8]\} - 177.46 \times 5\%/(1+10\%)^8$

$= 217.24$（万元）

② 每台国产设备的寿命周期年费用

$217.24 \times 10\% \times (1+10\%)^8/[(1+10\%)^8 - 1] = 40.72$（万元/年）

（2）国产设备的费用效率

① 效率　$200 \times 0.8 \times 8 \times 220 \times 46.57/10000 = 1311.41$（万元）

② 费用效率　$1311.41/40.72 = 32.2$

结论：由于国产设备的费用效率32.2>30，高于进口设备，故应选择购买国产设备。

试题三：

问题1：

解：

（1）施工单位应承担的损失有：施工机械损失，施工人员受伤损失，施工办公设施

损失：业主应承担的损失有：施工待用材料损失，建设单位临时设施损失，修复工作
费用。

（2）施工单位可获得的费用补偿：

$24×(1+13\%)+21×(1+10\%)×(1+6\%)×(1+25\%)×(1+13\%)$

$=27.12+34.586=61.706$（万元）

（3）应批准工期延期：30天；理由：A为关键工作；持续10天的季节性大雨造成的
工期延误风险由施工单位承担，工期不给予补偿；不可抗力造成的30天工期延误，属于
业主承担的风险，应给予工期补偿。

问题2：

解：

（1）补偿费用：$(150×50+20×1500×60\%)×(1+13\%)/10000=2.882$（万元）

（2）增加造价：$25×(1+10\%)×(1+6\%)×(1+25\%)×(1+13\%)=41.174$（万元）

问题3：

解：

（1）工期索赔和增加K工作后的网络进度计划调整结果，如答3-1图所示。

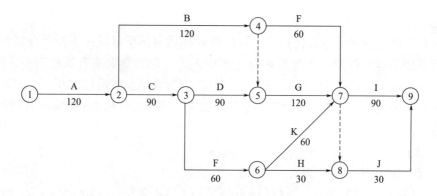

答3-1图　施工网络计划（单位：天）

（2）不妥之处：监理工程师编制K工作的结算综合单价。

理由：因K工作为新增工作，已标价的工程量清单中没有适用也没有类似的变更工
程项目，不属于由"监理或造价工程师暂定"的"争议解决"项目。

正确做法：由施工单位提出K工作的综合单价，报业主确认后调整。

问题4：

解：

（1）D、G、I工作之间的流水步距与工期

D与G流水步距为30天。

G与I流水步距为60天。

因K工作是I工作的紧前工作，受K工作影响，G工作与I工作之间的流水步距应增
加30天。

工期：30+（60+30）+90＝210（天）

（2）工期提前奖励

① 实际工程为：

120（A）+90（C）+210（流水工期）+10（季节性大雨）＝430（天）

[或关键线路A—C—E—K—I为：430（天）]

② 能索赔工期60（天）

故施工单位可获得工期提前奖励为

[（450+60）-430]×1＝80（万元）

试题四：

问题1：

1. 合同价＝（142.20+9+12）×（1+7%）×（1+9%）＝190.340（万元）

2. 材料预付款：[142.20+9-3]×（1+7%）×（1+9%）×20%＝34.569（万元）

3. 安全文明施工费工程款＝3×60%×（1+7%）×（1+9%）＝2.099（万元）

问题2：

A分项工程量偏差：（1000-800）/800×100%＝25%>15%

A分项工程单价：240×0.9＝216（元/m³）

A分项工程费＝1000×216＝21.6（万元）

A分项工程价款＝21.6×（1+7%）×（1+9%）＝25.192（万元）

问题3：

第2个月：

1. 1000×216/3/10000+66/2＝40.2

2. （3×40%+6）/3＝2.40

3. 6.8×（1+12%）＝7.616

第2个月实际完成的工程款：（40.2+2.4+7.616）×（1+7%）×（1+9%）＝58.567（万元）

第2个月业主应支付的工程款：58.567×90%＝52.710（万元）

第3个月：

1. 21.6/3+66/2+1500×400/3/10000＝60.2

2. （3×40%+6）/3＝2.40

3. 0

第3个月实际完成的工程款：（60.2+2.40）×（1+7%）×（1+9%）＝73.010（万元）

第3个月业主应支付的工程款：73.010×90%-34.569/3＝54.186（万元）

第4个月：

1. 1500×400/3/10000＝20.00（万元）

2. （3×40%+6）/3＝2.40

3. 2.8

第4个月实际完成的工程款：（20+2.40+2.8）×（1+7%）×（1+9%）＝29.391（万元）

第4个月业主应支付的工程款：29.391×90%-34.569/3＝14.929（万元）

问题4：

分项工程项目：

拟完工程计划投资=（19.2+66×2/3+57×1/3）×（1+7%）×（1+9%）=95.870（万元）

已完工程计划投资=（1000×240/10000+66+57×1/3）×（1+7%）×（1+9%）=127.127（万元）

已完工程实际投资=（1000×216/10000+66+1500×400/3/10000）×（1+7%）×（1+9%）=125.494（万元）

进度偏差=127.127−95.870=31.257 说明进度提前31.257万元。

投资偏差=127.127−125.494=1.633 说明费用节约1.633万元。

问题5：

第1个月完成工程款：1000×216/3/10000×（1+7%）×（1+9%）=8.397（万元）

应支付：8.397×90%=7.557（万元）

第5个月完成工程款：1500×400/3/10000×（1+7%）×（1+9%）=23.326（万元）

应支付：23.326×90%−34.569/3=9.470（万元）

实际总造价=2.099+8.397+58.567+73.010+29.391+23.326=194.790（万元）

竣工结算款=194.790×（1−3%）−［34.569+2.099+7.557+52.710+54.186+14.929+9.47］=13.426（万元）

试题五：

Ⅰ.土木建筑工程

问题1：

答5-1-1表　　　　　　　　　　　　清单工程量计算表

序号	清单项目编码	清单项目名称	计算式	工程量合计	计量单位
1	010202008001	土钉	$n=91$ 根	91	根
2	010202009001	喷射混凝土	（1）AB 段 $S_1=8\div\sin\dfrac{\pi}{3}\times15=183.56(m^2)$ （2）BC 段 $S_2=(10+8)\div2\div\sin\dfrac{\pi}{3}\times4$ $=41.57(m^2)$ （3）CD 段 $S_3=10\div\sin\dfrac{\pi}{3}\times20=230.94(m^2)$ $S=183.56+41.57+230.94$ $=411.07(m^2)$	411.07	m^2

问题 2：

方法一：按面积计

$$S_{清} = \left[(1.4-0.12)+2.4+0.2\right] \times (2.7-0.24) \times (5-1) +$$
$$(1.5-0.12) \times (2.7-0.24) + 2.4 \times (2.7-0.24-0.1) \div 2$$
$$= 44.41 \ (m^2)$$

方法二：按体积计

1. 梯段板

$$V_1 = 0.11 \times \left[(2.4 \times 2.4 + 1.4 \times 1.4)^{1/2} \times (2.7-0.24-0.1) \div 2\right] \times 9 = 3.25 \ (m^3)$$

2. 平台板

$$V_2 = 0.1 \times \left[(1.4+0.12) \times (2.7+0.24) \times 4 + (1.5+0.12) \times (2.7+0.24)\right] = 2.26 \ (m^3)$$

3. 平台梁

$$V_3 = 0.2 \times 0.25 \times (2.7+0.24) \times 9 = 1.32 \ (m^3)$$

4. 收口梁

$$V_4 = 0.24 \times 0.25 \times (2.7+0.24) \times 4 = 0.71 \ (m^3)$$

5. 踏步

$$V_5 = (0.24 \times 0.13) \div 2 \times (2.7-0.24-0.1) \div 2 \times 10 \times 9 = 1.66 \ (m^3)$$

6. 混凝土用量

$$V = V_1 + V_2 + V_3 + V_4 + V_5 = 9.2 \ (m^3)$$

问题 3：

（1）C40 商品混凝土消耗量 $= (4854+1292.40) \times 1.02 = 6269.33 \ (m^3)$

（2）除税价差 $= 480-460 = 20 \ (元/m^3)$

（3）分部分项工程人、材、机增加费 $= 6269.33 \times 20 = 125386.60 \ (元)$

问题 4：

1. 安全文明施工费：$1600000 \times 3.5\% = 56000.00 \ (元)$

2. 规费：$(1600000+74000) \times 13\% \times 21\% = 45700.20 \ (元)$

3. 增值税：$(1600000+74000+45700.2) \times 9\% = 154773.02 \ (元)$

答 5-1-2 表　　　　　　　　　单位工程竣工结算汇总表

序号	项目名称	金额
1	分部分项工程费	1600000.00
2	措施项目费	74000.00
2.1	单价措施费	18000.00
2.2	安全文明施工费	56000.00
3	规费	45700.20
4	增值税	154773.02
	单位工程合计	1874473.22

Ⅱ．管道和设备工程

问题1：

1.

（1）矩形风管500×300的工程量：

$3+(4.6-0.6)+3+3+(0.4+0.4)×3+(4-0.2)+4+0.4×2=24$（m）

$24×(0.5+0.3)×2=38.40$（m²）

（2）渐缩风管500×300/250×200的工程量：$6+6=12$（m）

$12×\{[(0.25+0.2)×2+(0.5+0.3)×2]÷2\}=15$（m²）

（3）圆形风管$\phi250$的工程量：$3×(3+0.44)=10.32$（m）

$10.32×3.14×0.25=8.10$（m²）

2.

（1）矩形风管500×300镀锌钢板消耗量：$38.40÷10×11.38=43.70$（m²）

（2）矩形风管500×300上风管法兰、加固框、吊托支架净用量：$38.40÷10×[52÷(1+4\%)]=192$（kg）

（3）防锈漆消耗量：$192÷100×2.5=4.8$（kg）

问题2：

答5-2-1表　　　　　　**分部分项工程和单价措施项目清单与计价表**

工程名称：某化工厂试验办公楼　　　标段：集中空调通风管道系统安装　　　第1页　共1页

序号	项目编码	项目名称	项目特征描述	计量单位	工程量	金额（元）	
						综合单价	合价
1	030701003001	空调器	分段式组装 ZK-20000	台	1		
2	030702001001	碳钢通风管道	矩形风管500×300，镀锌钢板，$\delta=0.75$mm，风管法兰、加固框、吊托支架制作安装，咬口连接	m²	40		
3	030702001002	碳钢通风管道	渐缩风管 500×300/250×200，镀锌钢板，$\delta=0.75$mm，风管法兰、加固框、吊托支架制作安装，咬口连接	m²	18		
4	030702001003	碳钢通风管道	圆形风管$\phi250$，镀锌钢板，$\delta=0.75$mm，风管法兰、加固框、吊托支架制作安装，咬口连接	m²	10		
5	030702010001	风管检查孔	风管检查孔 310×260T-614 现场制安	个	5		

序号	项目编码	项目名称	项目特征描述	计量单位	工程量	金额（元）	
						综合单价	合价
6	030702011001	温度、风量测定孔	温度测定孔 T615 现场制安	个	4		
7	030703001001	碳钢阀门	矩形蝶阀 500×300	个	2		
8	030703001002	碳钢阀门	矩形止回阀 500×300	个	2		
9	030703001003	碳钢阀门	圆形蝶阀 φ250	个	3		
10	030703007001	散流器	φ250,成品安装	个	3		
11	030703007002	碳钢风口	插板送风口 200×120	个	16		
12	030703019001	柔性接口	软管接口 500×300	m²	0.32		
13	030704001001	通风工程检测、调试	40m² 矩形风管 500×300,18m² 渐缩风管渐缩风管 500×300/250×200,10m² 圆形风管 φ250	系统	1		
14	030704002001	风管漏光试验、漏风试验	40m² 矩形风管 500×300,18m² 渐缩风管渐缩风管 500×300/250×200,10m² 圆形风管 φ250	m²	68		

问题 3：

答 5-2-2 表　　　　　　　　综合单价分析表

工程名称：通风空调系统

项目编码	030701003001	项目名称	ZK-20000 空调器	计量单位	台	工程量	1

				清单综合单价组成明细							
定额编号	定额名称	定额单位	数量	单价（元）				合价（元）			
				人工费	材料费	机械费	管理费和利润	人工费	材料费	机械费	管理费和利润
9-257	组合式空调机组 20000m³/h 以内	台	1	1289.33	25.21	271.13	1289.33	1289.33	25.21	271.13	1289.33
9-226	50kg 以内设备支架制作、安装	100kg	0.471	685.91	326.23	29.75	685.91	323.06	153.65	14.01	323.06
人工单价				小计				1612.39	178.86	285.14	1612.39

续表

定额编号	定额名称	定额单位	数量	单价（元）				合价（元）			
				人工费	材料费	机械费	管理费和利润	人工费	材料费	机械费	管理费和利润
130 元/工日				未计价材料费				28000			
清单项目综合单价								31688.78			
材料费明细	主要材料名称、规格、型号			单位		数量		单价（元）	合价（元）	暂估单价（元）	暂估合价（元）
	空调机组			台		1		28000	28000		
	其他材料费								178.86		
	材料费小计								28178.86		

问题 4：

（1）全费用单价 = (38+30+25+38×100%+38×20%)×(1+9%)元 = 151.07（元）

（2）增值税应纳税额 = (38+30+25+38×100%+38×20%)×9% - (30×13%+25×15%+38×5%) = 12.47-9.55 = 2.92（元）

Ⅲ. 电气和自动化控制工程

问题 1：

1. 避雷网（25×4 镀锌扁钢）工程量计算：

$[14×2+(8+14+8)×2+(11.5+2.5)×4+(26-21)×4]×(1+3.9\%) = 170.40$（m）

2. 避雷引下线（利用主钢筋）工程量计算：

$(21-1.8+0.6)×4+(24-1.8+0.6)×2 = 124.8$（m）

3. 接地母线（埋地 40×4 镀锌扁钢）工程量计算：

$[5×18+(3+0.7+1.8)×5+(3+2.5+0.7+1.8)]×(1+3.9\%) = 130.39$（m）

答 5-3-1 表　　　　　　　分部分项工程和单价措施项目清单与计价表

工程名称：标准厂房　　　　　　　　标段：防雷接地工程

序号	项目编码	项目名称	项目特征描述	计量单位	工程量	金额（元）		
						综合单价	合价	其中：暂估价
1	030409001001	接地极	角钢接地极∟50×50×5　L=2.5m 埋深0.7m	根	19	141.37	2686.03	
2	030409002001	接地母线	镀锌扁钢 40×4 接地母线埋深 0.7m	m	130.39	48.14	6276.97	

续表

序号	项目编码	项目名称	项目特征描述	计量单位	工程量	金额(元) 综合单价	金额(元) 合价	其中:暂估价
3	030409003001	避雷引下线	利用建筑物柱内主筋引下,每处引下线焊接2根主筋,共6处,每一引下线设一断接卡子	m	124.8	22.11	2759.33	
4	030409005001	避雷网	避雷网　镀锌扁钢25×4沿屋顶女儿墙敷设	m	170.4	21.15	3603.96	
5	030414011001	接地装置调试	避雷网接地电阻测试	系统	1	2099.92	2099.92	
			合计				17426.21	

问题2:

答5-3-2表　　　　　　　　　　综合单价分析表

工程名称:标准厂房　　　　　　　标段:防雷接地工程

项目编码	030409003001		项目名称	避雷引下线		计量单位	m	工程量		120

清单综合单价组成明细

定额编号	定额项目名称	定额单位	数量	单价 人工费	单价 材料费	单价 机械费	单价 管理费和利润	合价 人工费	合价 材料费	合价 机械费	合价 管理费和利润
2-746	避雷引下线利用建筑物主筋引下	10m	0.100	77.90	16.35	67.41	31.16	7.79	1.64	6.74	3.12
2-747	断接卡子制作安装	10套	0.005	342.00	108.42	0.45	136.80	1.71	0.54	0	0.68
人工单价		小计						9.50	2.18	6.74	3.80
95元/工日		未计价材料费						0			
清单项目综合单价								22.22			

材料费明细	主要材料名称、规格、型号		单位	数量	单价(元)	合价(元)	暂估单价(元)	暂估合价(元)
	其他材料费				—	2.18	—	
	材料费小计				—	2.18	—	

问题3:

1. 安全文明施工费:185000×4.5% = 8325.00(元)

2. 措施项目费:25000+8325 = 33325.00(元)

3. 总承包服务费：24765×3.5%+30000×1%＝1166.78（元）

4. 规费：（185000+33325)×8%×24%＝4191.84（元）

5. 增值税：（185000+33325+36873+4191.84)×9%＝23345.09（元）

答5-3-3表　　　　　　　　单位工程招标控制价汇总表

序号	项目名称	金额(元)
1	分部分项工程费	185000.00
2	措施项目	33325.00
2.1	其中:安全文明施工费	8325.00
3	其他项目	36873.00
3.1	暂列金额	10036.00
3.2	材料暂估价	3213.00
3.3	专业工程暂估价	24765.00
3.4	计日工	905.22
3.5	总包服务费	1166.78
4	规费	4191.84
5	税金	23345.09
	招标控制价	282734.93

模拟题五答案与解析

试题一：

答案：

问题1：

年固定资产折旧费 = (2000-90-350)÷10 = 156.00（万元）

固定资产余值 = 156×(10-6)+350 = 974.00（万元）

问题2：

第三年的当期销项税额-当期进项税额-可抵扣固定资产进项税额 = 145×80%-34×80%-90 = -1.20（万元）<0

所以，第三年的应纳增值税为0，第三年增值税附加为0。

第三年的调整所得税 = {[(1500-145)×80%+150]-[(460-34)×80%+156.00+0]}×25% = 184.30（万元）

答1-1表　　　　　　项目投资现金流量表（单位：万元）

序号	项目	建设期		运营期					
		1	2	3	4	5	6	7	8
1	现金流入	0.00	0.00	1350.00	1500.00	1500.00	1500.00	1500.00	2974.00
1.1	营业收入(不含销项税额)			1084.00	1355.00	1355.00	1355.00	1355.00	1355.00
1.2	销项税额			116.00	145.00	145.00	145.00	145.00	145.00
1.3	补贴收入			150.00					
1.4	回收固定资产余值								974.00
1.5	回收流动资金								500.00
2	现金流出	1000.00	1000.00	1052.30	770.46	771.74	771.74	771.74	771.74
2.1	建设投资	1000.00	1000.00						
2.2	流动资金投资			500.00					
2.3	经营成本(不含进项税额)			340.80	426.00	426.00	426.00	426.00	426.00
2.4	进项税额			27.20	34.00	34.00	34.00	34.00	34.00
2.5	应纳增值税			0.00	109.80	111.00	111.00	111.00	111.00

续表

序号	项目	建设期		运营期					
		1	2	3	4	5	6	7	8
2.6	增值税附加			0.00	9.88	9.99	9.99	9.99	9.99
2.7	维持运营投资								
2.8	调整所得税			184.30	190.78	190.75	190.75	190.75	190.75
3	所得税后净现金流量	-1000.00	-1000.00	297.70	729.54	728.26	728.26	728.26	2202.26
4	累计税后净现金流量	-1000.00	-2000.00	-1702.30	-972.76	-244.50	483.76	1212.02	3414.28
5	折现系数(10%)	0.9091	0.8264	0.7513	0.6830	0.6209	0.5645	0.5132	0.4665
6	折现后净现金流	-909.10	-826.40	223.66	498.27	452.18	411.10	373.74	1027.35
7	累计折现净现金流量	-909.10	-1735.50	-1511.84	-1013.57	-561.39	-150.29	223.45	1250.80

问题3：

计算项目的静态投资回收期：

静态投资回收期 $= (6-1) + |-244.5|/728.26 = 5.34$（年）

计算期末累计折现后净现金流量 1250.80 万元。

本项目的静态投资回收期为 5.34 年小于基准投资回收期 8 年；累计财务净现值为 1250.80 万元>0；所以，从财务角度分析该项目可行。

问题4：

第一年项目建设期贷款利息为：$2000/2×60\%×0.5×6\% = 18.00$（万元）

第二期项目建设期贷款利息为：

$(2000/2×60\%+18)×6\% + 2000/2×60\%×0.5×6\% = 55.08$（万元）

利息合计：$18.00 + 55.08 = 73.08$（万元）

年固定资产年折旧费 $= (2000-90+73.08-350) ÷ 10 = 163.31$（万元）

固定资产余值 $= 163.31×(10-6)+350 = 1003.24$（万元）

问题5：

答1-2表　　　　　　　借款还本付息表（单位：万元）

项目	计算期					
	1	2	3	4	5	6
期初借款余额		618	1273.08	982.06	673.58	346.59
当期还本付息			367.40	367.40	367.40	367.39
其中：还本			291.02	308.48	326.99	346.59
付息			76.38	58.92	40.41	20.80
期末借款余额	618	1273.08	982.06	673.58	346.59	0.00

第 3 年的所得税

$$= \{ [(1500-145) \times 80\% + 150] - [(460-34) \times 80\% + 163.31 + 76.38 + 0] \} \times 25\%$$

$$= 163.38 \text{（万元）}$$

问题 6：

第三年现金流入：$1500 \times 80\% + 150 = 1350$（万元）

第三年现金流出：$460 \times 80\% + 291.02 + 76.38 + 500 + 163.38 = 1398.78$（万元）

第三年折现后净现金流量：$(1350-1398.78)/(1+10\%)^3 = -36.65$（万元）

试题二：

问题 1：

投标须知中有下列不妥：

（1）要求"中标人必须将绿化工程分包给本市园林绿化公司"不妥。招标人不得指定分包人。

（2）"投标截止时间为 2018 年 11 月 10 日"不妥。根据《招投标法实施条例》从出售招标文件到投标截止日期的时间不得少于 20 日，而 2018 年 10 月 25 日至 2018 年 11 月 10 日共 17 天。

（3）"投标保证金的金额：10 万元"不妥。投标保证金的金额不应超过项目估算价（210 万元）的 2%，即不能超过 4.2 万元。

（4）"开标时间为 2018 年 11 月 20 日 9 时"不妥。开标时间应与投标截止时间相同。

（5）"技术专家 1 人，经济专家 1 人"不妥。理由：评标委员会中的技术经济专家不少于 2/3，即不少于 5 人。

（6）"履约担保的金额：招标控制价的 10%"不妥。履约担保应不超过中标合同价的 10%。

问题 2：

关键线路（持续时间最长的线路）为：A→C→E→H→M，关键工作分别为 A、C、E、H、M 工作。

结论：为争取中标，该施工单位应压缩 M 工作 2 周、C 工作 2 周；投标工期 = 30-2-2 = 26（周）；投标报价 = 200+2×2+2×2.5 = 209（万元）。

解题思路：赶工原则与评标方法的综合应用，即工期越短，投标报价越高（不能超过招标控制价），但评审价越低，越容易中标。

赶工原则：在关键线路上赶工，优先压缩有赶工潜力且赶工费用少的工作。在赶工过程中允许新关键线路出现，但原有关键线路赶工后要始终保持。

特别说明：赶工原则与评标方法结合后，应注意每周增加的赶工费不能超过 4 万元（每提前 1 周，评审价对其总报价降低 4 万元）。如超出，评审价不会降低。还要注意，在不断地赶工中，投标报价随之会不断增加，但投标报价不能超过招标控制价，否则废标。

具体步骤如下：

（1）先判断原网络计划中的关键线路：A→C→E→H→M，计划工期 = 30 周，投标报价=200万元，评审价=投标报价=200（万元）。

（2）已知各关键工作均有压缩潜力，则优先赶工费用少的（少于4万元）工作，即赶工先后次序为：M工作、C工作、A工作，注意此时表格中的B工作虽然赶工费用最小，但B不是关键工作，对工期无影响，所以B工作是干扰项。E工作、H工作的每周赶工费用大于4万元，不能降低评审价，所以不赶工。

（3）第一步：压缩M工作2周，不影响关键线路（因为M工作是所有线路共有的），网络计划的关键线路依然为：A→C→E→H→M，原计划工期缩短2周至28周，此时的投标报价=原报价+赶工费=200+2×2=204（万元），评审价=投标报价-缩短的工期×4=204-2×4=196（万元）。

（4）第二步：压缩C工作2周，对关键线路没有影响，关键线路依然为：A→C→E→H→M，工期缩短至26周，此时的投标报价=204+2.5×2=209（万元），评审价=209-4×4=193（万元）。

（5）第三步：压缩A工作1周，不影响关键线路（因为A工作是所有线路共有的），关键线路依然为：A→C→E→H→M，原计划工期缩短至25周，但此时的投标报价=209+3.5=212.5（万元），超出了招标控制210万元，投标面临废标。所以不能压缩A工作。

（6）结论：压缩M工作2周、C工作2周；最终投标工期=30-2-2=26（周）；最终投标报价=200+2×2+2.5×2=209（万元）。

问题3：

评审价=209-4×4=193（万元）；签约合同价=投标报价=209（万元）。

试题三：

问题1：

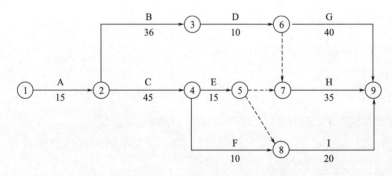

答3-1图　施工进度计划

主要控制工作为：A-C-E-H

是最经济安排方式。第1天进场；第95天未离场。

问题2：

事件2：能够提出工期和费用索赔，因为区域停电是业主的风险，造成承包方费用增加由业主承担，且工作A为关键工作。

事件3：能够提出工期和费用索赔，因为设计方案调整是业主的责任，造成承包方费用增加由业主承担，且延误的时间 12 天超过工作 B 的总时差 9 天。

事件 4：能够提出工期和费用索赔，因为设计变更是业主的责任，造成承包方费用增加由业主承担；且工作 E 增加的时间为（600-450)/(450÷15）= 5 天超过 E 的总时差 3 天。

事件 5：不能提出费用索赔，因为特殊高温天气属于不可抗力，费用损失由承包商自己承担。可以提出工期索赔，特殊高温天气属于不可抗力，且工作 H 是关键工作。

事件 6：不能提出工期和费用索赔，承包商购买的设备质量问题由承包商负责。

问题 3：

事件 2：工期索赔 6 天；

事件 3：工期索赔 3 天；

事件 4：工期索赔 2 天；

事件 5：工期索赔 5 天；

事件 6：工期索赔 0 天；

总计工期索赔：6+3+2+5=16 天

该工程实际工期为：（15+6）+45+（15+5）+（35+5）= 126（天）

工期罚款为：[126-（110+16）]×3000=0（元）

问题 4：

事件 2：（6×10×50+1000×50%×6）×（1+18%）= 7080（元）

事件 3：120×50×（1+5%）×（1+18%）= 7434（元）

事件 4：

450×(1+15%) = 517. 5

600-517. 5 = 82. 5

[82. 5×400×0. 95+（150-82. 5）×400]×（1+18%）= 68853（元）

费用索赔：7080+7434+68853 = 83367（元）

试题四：

问题 1：

1. 合同价为：（72+20. 4+64+36+15. 2+14+30+18+20×1%）×（1+18%）= 318. 364（万元）

2. 材料预付款为：（72+20. 4+64+36+15. 2+14）×（1+18%）×25% = 65. 372（万元）

3. 安全文明施工费：20×（1+18%）×70%×90% = 14. 868（万元）

问题 2：

拟完工程计划投资累计 =（72+20. 4+36/4+15. 2/2）×（1+18%）= 128. 62（万元）

已完工程计划投资累计 =（72+20. 4）×（1+18%）= 109. 032（万元）

进度偏差 = 109. 032-128. 62 = -19. 588（万元），进度拖延 19. 588 万元。

问题 3：

第 5 个月承包商完成工程款为：

C 分项工程：执行原单件的量 800×1. 15 = 920（m³），执行新单件的量 1000-920 = 80（m³）

（420×800+80×800×0. 95）/10000 = 39. 68（万元）

D 分项工程：36/4+20/4×1% = 9. 05（万元）

E 分项工程：15.2/3=5.067（万元）

计日工费用=5×(1+15%)=5.75（元）

措施项目费=(30-20×70%)/5=3.2（万元）

小计：(39.68+9.05+5.067+5.75+3.2)×(1+18%)=74.041（万元）

业主应支付承包商报工程款为：74.041×90%-20/4-65.372/4=45.294（万元）

问题4：

实际造价=318.364+[5×1.15+(120×800+80×800×0.95)/10000]×1.18-18×1.18-5=317.411（万元）

结算尾款=317.411-65.372-210-317.411×3%-20=12.517（万元）

试题五：

Ⅰ.土木建筑工程

问题1：

建筑面积=3.3×5.24+3.24×7.04+0.06×(6.54+7.04)×2=40.10+1.63=41.73（m²）

问题2：

清单工程量计算思路：

（1）压顶

压顶中心线长（扣除构造柱）=(7.04-0.24)×2+(6.54-0.24)×2-0.24×8=24.28（m）

混凝土压顶=24.28×0.24×0.06=0.35（m³）

（2）女儿墙

女儿墙中心线长=(7.04-0.24)×2+(6.54-0.24)×2=26.2（m）

其中构造柱体积=0.24×0.24×0.5×8+0.24×0.03×0.5×16（马牙槎）=0.29（m³）

女儿墙砌筑量=26.2×0.24×(0.56-0.06)-0.29=2.85（m³）

（3）圈梁

圈梁中心线长（不含构造柱）=(7.04-0.24)×2+(6.54-0.24)×2+(3.2+1.8-0.24)+(3-0.24)-0.24×9=31.56（m）

圈梁混凝土=31.56×0.24×(0.24-0.1)=1.06（m³）

（4）屋面卷材防水

水平投影面积=3.3×(5-0.24)+(3-0.24)×(7.04-0.24×2)=33.81(m²)或1.8×(3-0.24)+(5-0.24)×(6.54-0.24×2)=33.81（m²）

女儿墙内周长=(7.04-0.24×2)×2+(6.54-0.24×2)×2=25.24（m）

泛水面积=0.30×25.24=7.57（m²）

屋面防水清单量=33.81+7.57=41.38（m²）

（5）屋面保温工程量=屋面防水中的水平投影面积=33.81（m²）

（6）外墙保温工程量

思路一：墙面外保温面积（外墙外边线与保温层高度所围成的面积）=(6.54+7.04)×2×(3.56+0.15)-3×1.8-1.8×1.8×2-0.9×2.1=86.99（m²）

外门窗侧壁面积＝3.4（m²）

外墙保温清单量＝86.99＋3.4＝90.39（m²）

思路二：墙面外保温面积（保温层中心线与保温层高度所围成的面积）＝（7.04＋0.06×2）×2×（3.56＋0.15）＋（6.54＋0.06×2）×2×（3.56＋0.15）－3×1.8－1.8×1.8×2－0.9×2.1＝88.77（m²）

其中：0.06m（保温层构造做法）＝0.02＋0.01＋0.06/2

外门窗侧壁面积＝3.4（m²）

外墙保温清单量＝88.77＋3.4＝92.17（m²）

（7）水泥砂浆地面

S＝3.06×4.76＋3.36×2.76＋2.76×2.96＝32.01（m²）

（8）踢脚线

长度＝（5－0.24）×2＋（3.3－0.24）×2＋（3－0.24）×2＋（3.6－0.24）×2＋（3－0.24）×2＋（3.2－0.24）×2－0.9－0.8×4＝35.22（m）

面积＝35.22×0.15＝5.28（m²）

（9）内墙面刷涂料

内墙面抹灰 S＝（15.64＋12.24＋11.44）×2.7－（0.9×2.1＋0.8×2.1×4＋3.0×1.8＋1.8×1.8×2）＝39.32×2.7－20.49＝85.67（m²）

内墙面涂料 S＝（15.64＋12.24＋11.44）×（2.7－0.15）－0.9×（2.1－0.15）－0.8×（2.1－0.15）×4－3.0×1.8－1.8×1.8×2＝39.32×（2.7－0.15）－19.88＝80.39（m²）

内门窗侧壁面积为5.8（m²）

涂料清单量＝80.39＋5.8＝86.19（m²）

（10）石膏板吊顶

S＝3.06×4.76＋3.36×＋2.76＋2.76×2.96＝32.01（m²）

（11）块料外墙面

镶贴后的外表面积＝（7.04＋0.103×2）×2×（3.56＋0.15）＋（6.54＋0.103×2）×2×（3.56＋0.15）－3×1.8－1.8×1.8×2－0.9×2.1＝90.05（m²）

其中：0.103m（构造做法的总厚度）＝0.02＋0.01＋0.06＋0.008＋0.005

（12）块料零星项目

外门窗侧壁面积＝3.4（m²）

外墙块材零星项目清单量＝3.4（m²）

答5-1-1表　　　　　　分部分项与单价措施项目清单表

序号	项目编码	项目名称	项目特征	单位	工程量
1	010507005001	压顶	240mm×60mm混凝土压顶，C20	m³	0.35
2	010401003001	女儿墙	墙厚240mm，高度560mm，标准实心砖，M5水泥砂浆	m³	2.85
3	010503004002	圈梁	C20，预拌混凝土	m³	1.06

续表

序号	项目编码	项目名称	项目特征	单位	工程量
4	010902001001	屋面卷材防水	二毡三油 SBS 防水卷材,泛水高度 300mm	m²	41.38
5	011001001001	屋面保温	泡沫混凝土板厚 120mm,其下 5mm 厚防水砂浆找平	m²	33.81
6	011001003001	外墙保温	砖墙外抹 20mm 厚 1:3 水泥砂浆;10mm 厚 1:1(重量比)水泥专用胶粘剂;60mm 厚挤塑聚苯板	m²	90.39 (92.17)
7	011101001001	水泥砂浆地面	(1)面层 20mm 厚 1:2 水泥砂浆地面压光; (2)垫层为 100mm 厚 C10 素混凝土垫层(中砂,砾石 5~40mm); (3)素土夯实	m²	32.01
8	011105001001	踢脚线	(1)踢脚线高 150mm; (2)面层:6mm 厚 1:2 水泥砂浆抹面压光; (3)底层:20mm 厚 1:3 水泥砂浆	m²	5.28
9	011406001001	内墙面涂料	(1)面层刷内墙乳胶漆三遍(底漆一遍,面漆两遍); (2)满刮普通成品腻子膏两遍; (3)抹灰面层 5mm 厚 1:0.5:3 水泥石灰砂浆罩面压光; (4)抹灰面底层 15mm 厚 1:1:6 水泥石灰砂浆; (5)踢脚线处不刷涂料	m²	86.19
10	011302001001	石膏板吊顶	(1)木吊杆;轻钢龙骨; (2)纸面石膏板 1200×2400×12; (3)吊顶底面标高为 2.7m	m²	32.01
11	011204003001	块料外墙面	(1)面层:100mm×100mm×5mm 的白色外墙砖; (2)结合层:外保温系统上抹 8mm 厚 1:2 水泥砂浆; (3)粘贴高度:-0.15~3.56 标高	m²	90.05
12	011206002001	块料零星项目	(1)面层:100mm×100mm×5mm 的白色外墙砖; (2)结合层:8mm 厚 1:2 水泥砂浆粘贴; (3)位置:外门窗侧壁	m²	3.4

问题 3:

内墙面抹灰清单量 = (15.64+12.24+11.44)×2.7-(0.9×2.1+0.8×2.1×4+3.0×1.8+1.8×1.8×2) = 39.32×2.7-20.49 = 85.67（m²）

内墙面抹灰方案量 = (15.64+12.24+11.44)×(2.7+0.15)-(0.9×2.1+0.8×2.1×4+3.0×1.8+1.8×1.8×2) = 39.32×2.85-20.49 = 91.57（m²）

清单综合单价 = 方案费用/清单量 = 方案量×方案单价/清单量

清单综合单价 = 91.57×{[(1357.97+839.82+117.54)×(1+12%)+1357.97×30%]/

$100\}/85.67=32.07$（元/m^2）

问题4：

假定砌筑每立方米毛石护坡的工作定额时间为 X，则

$X=7.9+(3\%+2\%+2\%+16\%)X$

$X=7.9+(23\%)X$

$X=7.9/(1-23\%)=10.26$（工时）

每工日按8工时计算，则砌筑毛石护坡的人工时间定额 $=X/8=10.26/8=1.283\times10=12.83$（工日/$10m^3$）

机械产量定额 $=60/6\times0.4\times0.65\times8\times0.8=16.64$（$m^3$/台班）

机械时间定额 $=1/16.64=0.06$ 台班/$m^3\times10=0.6$（台班/$10m^3$）

Ⅱ.管道和设备工程

问题1：

1. 计算卫生间给水系统中的管道和阀门安装项目分部分项清单工程量：

（1）dn40PP-R塑料管：

$1.5+(3.6+0.2)-(0.8+0.91+0.3)+(1+3.3)+(7.1-6.6)=8.09$（m）

（2）dn32PP-R塑料管：$3.3+[(0.23-0.08)+(0.3+0.91)]\times3=7.38$（m）

（3）dn25PP-R塑料管：$0.8\times3=2.4$（m）

（4）dn20PP-R塑料管：$[0.8+(7.6-7.1+0.25)]\times3=4.65$（m）

（5）给水系统 DN32 球阀 Q11F-16C：1个

（6）给水系统 DN25 球阀 Q11F-16C：$1+1+1=3$（个）

2. 计算卫生间中水系统中的管道和阀门安装项目分部分项清单工程量：

（1）DN50 镀锌钢管：

$[1.9+0.55+(1.1-0.5)+0.2]+(3.6-1.4-0.2+0.25+0.2)+[0.2+(7.45-6.60+0.5)]\times2=8.8$（m）

（2）DN40 镀锌钢管：

$[7.45-(7.45-6.60)]\times2+[1.04+(0.2+0.25-0.2)]\times3\times2=20.94$（m）

（3）DN32 镀锌钢管：

$0.9\times3\times2=5.4$（m）

（4）DN25 镀锌钢管：

$[(1.4+0.2-0.12-0.2)+0.2]+(7.9-6.6+0.5)+0.9\times3\times2=8.68$（m）

（5）DN20 镀锌钢管：

$(0.2+0.62)\times3+(7.9-1.3)=9.06$（m）

（6）DN15 镀锌钢管：

$(0.7+0.7)\times3=4.2$（m）

（7）DN50 截止阀 J11T-10：$1+1+1=3$（个）

（8）DN40 截止阀 J11T-10：$3\times2=6$（个）

（9）DN25 截止阀 J11T-10：1（个）

（10）*DN*20 截止阀 J11T-10：1×3＝3（个）

问题2：

答 5-2-1 表　　　　分部分项工程和单价措施项目清单与计价表

工程名称：某厂区　　　　标段：办公楼卫生间给排水工程安装　　　　第 1 页　共 1 页

序号	项目编码	项目名称	项目特征描述	计量单位	工程量	金额（元）		
						综合单价	合价	其中：暂估价
1	031001001001	镀锌钢管	*DN*32 室内中水镀锌钢管、螺纹连接、水压试验及冲洗	m	6			
2	031001001002	镀锌钢管	*DN*25 室内中水镀锌钢管、螺纹连接、水压试验及冲洗	m	9			
3	031001006001	塑料管	*dn*40 室内给水 PP-R 塑料管、水压试验及冲洗	m	10			
4	031001006002	塑料管	*dn*32 室内给水 PP-R 塑料管、水压试验及冲洗	m	8			
5	031003001001	螺纹阀门	*DN*40 截止阀 J11T-10 螺纹连接	个	4			
6	031003001002	螺纹阀门	*DN*25 截止阀 J11T-10 螺纹连接	个	2			
7	031004003001	洗脸盆	单柄单孔台上式安装陶瓷洗脸盆	组	9			
8	031004006001	大便器	蹲式大便器、感应式冲洗阀	组	18			
9	031004007001	小便器	壁挂式小便器、感应式冲洗阀	组	9			
			本页小计					
			合计					

注：各分项之间用横线分开。

问题3：

答 5-2-2 表　　　　　　　　综合单价分析表

工程名称：某厂区　　标段：办公楼卫生间给水管道安装　　　　第 1 页　共 1 页

项目编码	031001006002	项目名称		dn32 PP-R 塑料给水管	计量单位		m	工程量		8

					清单综合单价组成明细						

定额编号	定额名称	定额单位	数量	单价				合价			
				人工费	材料费	机械费	管理费和利润	人工费	材料费	机械费	管理费和利润
10-1-325	室内塑料管热熔安装 *dn*32	10m	0.1	120.00	45.00	26.00	108.00	12.00	4.50	2.60	10.80

续表

定额编号	定额名称	定额单位	数量	单价				合价			
				人工费	材料费	机械费	管理费和利润	人工费	材料费	机械费	管理费和利润
人工单价		小计						12.00	4.50	2.60	10.80
100元/工日		未计价材料费						14.48			
清单项目综合单价								44.38			

	主要材料名称、规格、型号	单位	数量	单价(元)	合价(元)	暂估单价(元)	暂估合价(元)
材料费明细	dn32 PP-R 塑料管	m	1.016	10.00	10.16		
	管件(综合)	个	1.081	4.00	4.324		
	其他材料费				4.50		
	材料费小计				18.98		

Ⅲ.电气和自动化控制工程

问题1：

1．照明回路 WL1：

（1）钢管 SC20 工程量计算：

$(4.4-1.5-0.45+0.05)+1.9+(4+4)\times3+3.2(5$ 根$)+3.2+1.10(6$ 根$)+(4.4-1.3+0.05)(6$ 根$)=39.05$ （m）

上式中未标注的管内穿4根线

（2）钢管 SC15（穿3根）工程量计算：$0.9+(3-0.3-1.3+0.05)=2.35$ （m）

（3）管内穿2.5mm^2 线：

$(0.3+0.45)\times4+[(4.4-1.5-0.45+0.05)+1.9+(4+4)\times3+3.2]\times4+3.2\times5+[1.10+(4.4-1.3+0.05)]\times6+[0.9+(3-0.3-1.3+0.05)]\times3=3+126.4+16+25.5+7.05=177.95$ （m）

2．照明回路 WL2：

（1）钢管 SC20 工程量计算：

$(4.4-1.5-0.45+0.05)+14.5+(4+4)(5$ 根$)+(4+4)\times2+3.2(5$ 根$)+3.2+0.8(6$ 根$)+(4.4-1.3+0.05)(6$ 根$)=51.35$ （m）

上式中未标注的管内穿4根线

（2）钢管 SC15（穿3根）工程量计算：$1.3+(3-0.3-1.3+0.05)=2.75$ （m）

（3）管内穿2.5mm^2 线：

$(0.3+0.45)\times4+[(4.4-1.5-0.45+0.05)+14.5+(4+4)\times2+3.2]\times4+(4+4)\times5+3.2\times5+[0.8+(4.4-1.3+0.05)]\times6+[1.3+(3-0.3-1.3+0.05)]\times3=223.95$ （m）

3．插座回路 WX1：

（1）钢管 SC15 工程量计算：

$(1.5+0.05)+6.3+(0.05+0.3)\times3+6.4+(0.05+0.3)\times2+7.17+(0.05+0.3)+7.3+(0.05+0.3)\times2+6.4+(0.05+0.3)\times2+7.17+(0.05+0.3)=46.14$（m）

或者$(1.5+0.05)+6.3+7.3+(6.4+7.17)\times2+(0.05+0.3)\times11=46.14$（m）

（2）管内穿 2.5mm² 线：

$(0.3+0.45)\times3+[(1.5+0.05)+6.3+7.3+(6.4+7.17)\times2+(0.05+0.3)\times11]\times3=2.25+138.24=140.67$（m）

4. 插座回路 WX2：

（1）钢管 SC40 工程量计算：

$(1.5+0.05)+24.5+(0.5-0.3+0.05)=26.3$（m）

（2）管内穿 16mm² 线：

$(0.3+0.45)\times5+[(1.5+0.05)+24.5+(0.5-0.3+0.05)]\times5+(0.3+0.3)\times5=3.75+131.5+3=138.25$（m）

照明和插座回路的钢管 SC20 合计：$39.05+51.35=90.40$（m）

照明和插座回路的钢管 SC15 合计：$2.35+2.75+46.14=51.24$（m）

管内穿线 BV2.5mm² 合计：$177.95+223.95+140.67=542.57$（m）

插座箱回路的钢管 SC40 合计：26.3（m）

插座箱回路的管内穿线 BV16mm² 合计 138.25（m）

答 5-3-1 表　　　　　**分部分项工程和单价措施项目清单与计价表**

序号	项目编码	项目名称	项目特征描述	计量单位	工程量	金额（元）		
						综合单价	合价	其中：暂估价
1	030404017001	配电箱	照明配电箱 ALD PZ30 R-45 嵌入式安装距地 1.5m；箱体尺寸：300（宽）×450（高）×120（深）；无线端子外部接线 2.5mm²11 个；扣式接线子 16mm²5 个	台	1	1774.39	1774.39	
2	030404018001	插座箱	插座箱 AXPZ30 嵌入式安装，距地 0.5m；300（宽）×300（高）×120（深）	台	1	698.08	698.08	
3	030404034001	照明开关	暗装四极开关 86K41－10；距地 1.3m	个	2	27.3	54.6	
4	030404035001	插座	单项二、三级暗插座 86Z223－10距地 0.3m	个	6	21.88	131.28	
5	030411001001	配管	SC40 钢管，沿砖、混凝土结构暗配	m	26.3	23.19	609.92	
6	030411001002	配管	SC20 钢管，沿砖、混凝土结构暗配	m	90.40	18.70	1690.48	
7	030411001003	配管	SC15 钢管，沿砖、混凝土结构暗配	m	51.24	16.25	832.65	

续表

序号	项目编码	项目名称	项目特征描述	计量单位	工程量	综合单价	合价	其中:暂估价
8	030411004001	配线	管内穿线 BV16mm²	m	138.25	13.55	1873.29	
9	030411004002	配线	管内穿线 BV 2.5mm²	m	542.57	3.30	1790.48	
10	030412001001	普通灯具	节能灯22W φ350,吸顶安装	套	2	104.78	209.56	
11	030412005002	荧光灯	双管荧光灯,吸顶安装 2×28W	套	18	150.7	2712.6	
合计							12377.33	

问题2:

答5-3-2表 　　　　　　　　　综合单价分析表

工程名称:配电房电气工程

项目编码	030404017001	项目名称	总照明配电箱ALD	计量单位	台	工程量	1

清单综合单价组成明细

定额编号	定额名称	定额单位	数量	单价(元) 人工费	材料费	机械费	管理费和利润	合价(元) 人工费	材料费	机械费	管理费和利润
4-2-76	成套配电箱安装嵌入式半周长≤1m	台	1	102.30	34.40	0	61.38	102.30	34.40	0	61.38
4-4-14	无端子外部接线导线截面≤2.5mm²	个	11	1.2	1.44	0	0.72	13.2	15.84	0	7.92
4-4-26	压铜接线端子 导线截面≤16mm²	个	5	2.50	3.87	0	1.5	12.5	19.35	0	7.5
人工单价		小计						128	69.59	0	76.8
100元/工日		未计价材料费						1500			
清单项目综合单价								1774.39			

材料费明细	主要材料名称、规格、型号	单位	数量	单价(元)	合价(元)	暂估单价(元)	暂估合价(元)
	总照明配电箱ALD	台	1	1500	1500		
	其他材料费				69.59		
	材料费小计				1569.59		

模拟题六答案与解析

试题一：

问题1：

建设总投资 $= 5500 \times (50/30)^{0.55} \times (1+8\%)^2 = 8496.24$（万元）

问题2：

建设期贷款利息 $= 3800 \div 2 \times 10\% = 190.00$（万元）

年固定资产折旧费 $= (9000 - 500 + 190) \times (1 - 5\%)/10 = 825.55$（万元）

年无形资产摊销费 $= 500 \div 8 = 62.50$（万元）

问题3：

答 1-1 表　　　　　　　　借款还本付息表（单位：万元）

项目	计算期								
	1	2	3	4	5	6	7	8	9
期初借款余额		3990.00	2992.50	1995.00	997.50				
当期还本付息		1396.50	1296.75	1197.00	1097.25				
其中:还本		997.50	997.50	997.50	997.50				
付息		399.00	299.25	199.50	99.75				
期末借款余额	3990.00	2992.50	1995.00	997.50	0.00				

答 1-2 表　　　　　　　　总成本费用估算表（单位：万元）

序号	费用名称	2	3	4	5	6	7	8	9
1	经营成本	1440.00	1600.00	1600.00	1600.00	1600.00	1600.00	1600.00	1600.00
2	折旧费	825.55	825.55	825.55	825.55	825.55	825.55	825.55	825.55
3	摊销费	62.50	62.50	62.50	62.50	62.50	62.50	62.50	62.50
4	利息支出	399.00	299.25	199.50	99.75				
5	总成本费用	2727.05	2787.30	2687.55	2587.80	2488.05	2488.05	2488.05	2488.05

问题4：

第2年的增值税应纳税额 $= 4000 \times 90\% \times 17\% - 150 \times 90\% = 477$（万元）

第2年的增值税附加税 $= 477 \times 9\% = 42.93$（万元）

第 3~9 年的增值税应纳税额＝4000×17%−150＝530（万元）

第 3~9 年的增值税附加税＝530×9%＝47.7（万元）

问题 5：

运营期第一年营业收入：4000×（1+17%）×90%＝4212.00（万元）

运营期第一年的利润总额：4212.00−（2727.05+477.00+42.93）＝965.02（万元）

运营期第一年的应纳所得税：965.02×25%＝241.26（万元）

运营期第一年的净利润：965.02−241.26＝723.76（万元）

试题二：

问题 1：

市建委指定某具有相应资质的招标代理机构为招标人编制招标文件做法不妥当。因为按有关规定：招标人具有编制招标文件和组织评标能力的，可以自行办理招标事宜。任何单位和个人不得强制其委托招标代理机构办理招标事宜。招标人有权自行选择招标代理机构，委托其办理招标事宜。

问题 2：

事件一存在以下不妥之处：

（1）1 月 20~23 日为招标文件发售时间不妥，因为按有关规定：资格预审文件或招标文件的发售期不得少于 5 日。

（2）"投标有效期自投标文件发售时间算起总计 60 天"的做法不妥当，按照有关规定：投标有效期应自投标文件截止时间算起。

问题 3：

（1）投标保证金统一定为 100 万元，不妥当。理由：不能超过项目估算价的 2%且不超过 80 万元，即该项目投标保证金不能超过 3568×2%＝71.36（万元）。

（2）"投标保证金有效期从递交投标文件时间算起总计 60 天"不妥当。理由：投标保证金的有效期应从投标文件截止时间算起，与投标有效期一致。

问题 4：

（1）将 B 投标人按照废标处理。理由：材料暂估价应当按照招标清单中的材料暂估单价计入综合单价，不允许下调。

（2）将 E 投标人按照废标处理。理由：E 报价中混凝土梁的综合单价为 700 元/m³ 合理，但合价为 36400 元属于计算错误，应当修改总价。修订后混凝土梁的总价应为 700×520＝364000（元），即该分部分项费用增加了＝364000（修改后）−36400（修改前）＝327600（元）＝32.76（万元），则修正后 E 投标人报价至少增加到 3542+32.76＝3574.76（万元），超过了招标控制价 3568 万元，按照废标处理。

问题 5：

评标基准价＝（3489+3358+3209）÷3＝3352（万元）

A 投标人：3489÷3352＝104.09%，得分＝60−（104.09−100）×2＝51.82（分）

C 投标人：3358÷3352＝100.18%，得分＝60−（100.18−100）×2＝59.64（分）

D 投标人：3209÷3352＝95.73%，得分＝60−（100−95.73）×1＝55.73（分）

问题6：

（1）承包商的投标报价浮动率

$=(1-3358/3568)\times100\%=5.89\%$

（2）不亏本的前提下，设允许的最长工期为 A 天，则：

$3358=3100+(A-500)\times5+(A-470)\times2$

$A=529$ （天）

（3）按最可能工期组织施工的利润额为：

$3358-[3100+(500-485)\times10+(485-470)\times2]=78$ （万元）

相应的成本利润率 $=78/(3358-78)=2.38\%$

试题三：

问题1：

调整后的合同价款 $=827.28\times[(1-22\%-40\%-9\%)\times(1+10\%)+22\%\times(1+5\%)+40\%\times(1+6\%)+9\%\times(1+3\%)]=882.46$ （万元）

问题2：

F 工作的工程价款 $=[126\times(1+18\%)\times(1+5\%)+8]\times(1+9\%)=178.88$ （万元）

问题3：

事件 2 发生后，关键线路为：B→D→F→H

应批准延长的工期为：$(7+15+6+5)-30=3$ （周）

可索赔的费用：

原计划 H 工作最早开始时间是第 24 周，增加 F 工作后 H 工作的最早开始时间是第 28 周，可索赔的机械窝工时间 $28-24=4$ 周。

窝工机械费：$4\times7\times600=16800$ 元；含税价款为 $4\times7\times600\times(1+9\%)=18312$ （元）

问题4：

设税前造价为 X，则 $X=827.28-27.8=799.48$ （万元）

则原合同中人材机管理费利润 $=799.48-38=761.48$；人材机管理费为 Y，则 $Y(1+5\%)=761.48$，则 $Y=761.48/(1+5\%)=725.219$ 万元

设原合同人材机费为 Z，则 $Z(1+18\%)=725.219$ 万元

$Z=614.592$ 万元，原合同中管理费为 $614.592\times18\%=110.63$ 万元

每周分摊管理费 $=110.63/30=3.69$ （万元）

事件 2、3 发生后，最终工期 36 周，因为题目中给条件"对仅因业主延迟的图纸而造成的工期延误"，事件 2 发生后，合同工期是 36 周，事件 3 发生后，应补偿工期 $36-33=3$ 周，应补偿管理费 $=3.69\times3=11.07$ （万元）。

试题四：

问题1：

签约合同价：

$[(5000\times100+750\times420+100\times4500+1500\times150)/10000+10+5]\times(1+18\%)=193.52$ （万元）

工程预付款：

[193.52-(6+5)×(1+18%)]×20%=36.108（万元）

安全文明施工费工程款：6×(1+18%)×80%=5.664（万元）

问题2：

第3个月末分项工程累计拟完工程计划投资：

(5000×100+750×420+100×4500+750×150)/10000×(1+18%)=162.545（万元）

第3个月末分项工程累计已完工程计划投资：

(5000×100+500×420+70×4500+750×150)/10000×(1+18%)=134.225（万元）

第3个月末分项工程进度偏差=134.225-162.545=-28.32（万元）

第3个月末该工程进度拖延28.32万元。

问题3：

B分项工程：

执行原清单价的量750×(1+15%)=862.5m³；新单价的量880-862.5=17.5（m³）

[17.5×420×0.95+(380-17.5)×420]/10000×(1+18%)=18.789（万元）

C分项工程：

45×4500/10000×(1+18%)=23.895（万元）

D分项工程：

400×150/10000×(1+18%)=7.08（万元）

总价措施工程款：1×(1+18%)=1.18（万元）

临时用工：

(50×60+120×100)/10000×(1+18%)=1.77（万元）

临时工程：

报价浮动率=1-193.52/200=3.24%

调整后全费用单价=500×(1+18%)×(1-3.24%)=570.884（元/m³）

570.884×300/10000=17.127（万元）

应支付工程款为：

(18.789+23.895+7.08+1.18+1.77+17.127)×80%-36.108/3=43.837（万元）

问题4：

A分项工程：5000×100×1.18/10000=59（万元）

B分项工程：[17.5×420×0.95+(880-17.5)×420]/10000×1.18=43.569（万元）

C分项工程：115×4500/10000×1.18=61.065（万元）

D分项工程：1550×150/10000×1.18=27.435（万元）

实际造价=59+43.569+61.065+27.435+10×1.18+1.77+17.127+5=221.925+5=226.766（万元）

质保金=193.52×3%=5.806（万元）

竣工结算款=226.766×(1-80%)-5.806=39.547（万元）

问题5：

应计增值税（销项税额）=226.766/(1+9%)×9%=18.724（万元）

应纳增值税 = 18.737 - 7 = 11.737（万元）

该合同成本为 = 160 + 9 + 1 = 170（万元）

利润为 = 226.766 - 18.724 - 170 = 38.042（万元）

成本利润率 = 38.042/170 = 22.378%

试题五：

Ⅰ. 土木建筑工程

问题1：

答5-1-1表　　　　　　　　　　　清单工程量计算书

序号	项目名称	计量单位	工程量	计算式
1	叠合板 DBD-67-3612-1	块或 m³	3 块	3×0.246 = 0.738m³
2	叠合板 DBD-67-3615-1	块或 m³	3 块	3×0.308 = 0.924m³
3	叠合板 DBD-67-3620-1	块或 m³	3 块	3×0.410 = 1.23m³
4	叠合板 DBDS1-67-4915-22	块或 m³	1 块	1×0.349 = 0.349m³
5	叠合板 DBDS1-67-4918-22	块或 m³	1 块	1×0.432 = 0.432m³
6	叠合板 DBDS1-67-4924-22	块或 m³	1 块	1×0.582 = 0.582m³
7	后浇混凝土(叠合板) 不含板缝	m³	5.17	(5.7-0.2)×(4.9-0.2)×0.07+(3.6-0.2)× (4.9-0.2)×0.07×3 = 5.17

问题2：

叠合板混凝土综合单价 = 29523.78/10×(1+15%)×(1+6%) = 3598.95（元/m³）

答5-1-2表　　　　　　　　　　叠合板综合单价分析表

项目编码	010512001001	项目名称		叠合板	计量单位		m³	工程量			4.26
清单综合单价组成明细											
定额编号	定额名称	定额单位	数量	单价(元)				合价(元)			
				人工费	材料费	施工机具使用费	管理费和利润	人工费	材料费	施工机具使用费	管理费和利润
1-4	叠合板	10m³	0.1	2307.46	27155.91	60.41	4428.567+2037.14 =6465.71	230.75	2715.56	6.04	646.57
人工单价		小计						230.75	2715.56	6.04	646.57

续表

定额编号	定额名称	定额单位	数量	单价(元)				合价(元)			
				人工费	材料费	施工机具使用费	管理费和利润	人工费	材料费	施工机具使用费	管理费和利润
113.00/工日	未计价材料(元)							0.00			
	清单项目综合单价(元/t)							3598.92			

主要材料名称、规格、型号	单位	数量	单价(元)	合价(元)	暂估单价(元)	暂估合价(元)
预制混凝土叠合板	m³	1.005	2500	2512.5		
立支撑杆件	套	0.273	150	40.95		
钢支撑	kg	3.985	8.62	34.35		
其他材料费(元)				127.79		
材料费小计(元)				2715.56		

问题3:

答5-1-3表 投标报价汇总表

序号	项目名称	金额(元)
1	分部分项工程量清单合计	1275293.74
2	措施项目清单合计	219414.62
3	其他项目清单合计	311000
3.1	暂列金额	250000
3.2	材料暂估价	—
3.3	专业工程暂估价	50000
3.4	计日工	9000
3.5	总包服务费	2000
4	规费	90285.42
5	税金	170639.44
	合计	2066633.22

Ⅱ. 管道和设备工程

问题1:

1. $\phi325\times8$ 碳钢管道工程量计算式:

地下:1.8+0.5+3.0+2.0+2.5+2.0=11.8(m)

地上:1.0+2.5+0.75+0.825+0.755+1.0+1.0+0.755+0.825+0.75+0.65=10.81(m)

合计:11.8+10.81=22.61(m)

2. $\phi219\times32$ 碳钢管道工程量计算式:

地下：$[1.8+0.5+(3-2)+2.0)]\times2+(0.8+0.5+2.5+0.75+2.0)\times2+0.8\times3+1.8+2.0\times5=37.9$（m）

地上：$(1.0+2.5+0.75+0.825+0.755+1.0)\times2+(2.0+0.825+0.755+2.0)\times2+1.0+0.755+0.825+0.75+0.65=28.8$（m）

合计：$37.9+28.8=66.7$（m）

3. 管件工程量计算式：

$DN300$：弯头：$2+2+2+1=7$（个）

$DN200$：弯头：$(2+2)\times2+(1+2)\times2+1\times4+1+2+1=22$

三通：$1\times2+1\times3=5$（个）

4. 超声波探伤工程量计算式：

DN300　低压碳钢平焊法兰11片，超声波探伤11口；

DN200　中压碳钢对焊法兰21片，超声波探伤21口。

5. 射线探伤工程量计算式：

$\phi325\times8$ 低压碳钢无缝钢管上焊口总数：$(11.8\div10)\times7=8.26$（个）取整9个焊口；

每个 $\phi325\times8$ 管道焊口的胶片数：$0.325\times3.14\div(0.15-0.025\times2)=10.21$（张），取11张。

$\phi325\times8$ 管道胶片数小计 $11\times9=99$（张）

$\phi219\times32$ 中压碳钢无缝钢管上焊口总数：$(37.9\div10)\times7=26.53$（个），取整27个焊口；

每个 $\phi219\times32$ 管道焊口的胶片数：$0.219\times3.14\div(0.15-0.025\times2)=6.88$（张），取7张。

$\phi219\times32$ 管道胶片数小计：$7\times27=189$（张）

X 射线探伤工程量合计：$99+189=288$（张）

6. 保温工程量计算式：管道绝热工程量 $V=\pi\cdot(D+1.033\delta)\cdot1.033\delta\cdot L$

$=3.14\times(0.325+1.033\times0.05)\times1.033\times0.05\times22.61+3.14\times(0.219+1.033\times0.05)\times1.033\times0.05\times66.7=1.38+2.93=4.31$（$m^3$）

7. 管道保护层工程量 $S=\pi\cdot(D+2.1\delta+0.0082)\cdot L$

$=3.14\times(0.325+2.1\times0.05+0.0082)\times22.61+3.14\times(0.219+2.1\times0.05+0.0082)\times66.7$
$=31.11+69.58=100.69$（m^2）

问题2：

答 5-2-1 表　　　　　　　　　分部分项工程和单价措施项目清单与计价表

工程名称：某泵房　　　　　　标段：工艺管道系统安装　　　　　　　　第1页　共1页

序号	项目编码	项目名称	项目特征描述	计量单位	工程量	金额(元)	
						综合单价	合价
1	030801001001	低压碳钢管	$\phi325\times8$、20 号碳钢无缝钢管、氩电联焊、水压试验、水冲洗	m	21		
2	030802001001	中压碳钢管	$\phi219\times32$、20 号碳钢无缝钢管、氩电联焊、水压试验、水冲洗	m	32		

续表

序号	项目编码	项目名称	项目特征描述	计量单位	工程量	金额（元）	
						综合单价	合价
3	030802001002	中压碳钢管	$\phi168\times24$、20 号碳钢无缝钢管、氩电联焊、水压试验、水冲洗	m	23		
4	030802001003	中压碳钢管	$\phi114\times16$、20 号碳钢无缝钢管、氩电联焊、水压试验、水冲洗	m	7		
5	030810002001	低压焊接法兰	DN300 低压碳钢平焊法兰	副（片）	5.5（11）		
6	030811002001	中压焊接法兰	DN200 中压碳钢对焊法兰	副（片）	10.5（21）		
7	030808003001	中压法兰阀门	阀门 Z41H-40C DN200	个	7		
8	030808003002	中压法兰阀门	阀门 H41H-40C DN200	个	1		
9	030807003001	低压法兰阀门	阀门 Z41H-15C DN300	个	3		
10	030815001001	管架制作安装	普通支架	kg	140		

问题 3：

答 5-2-2 表　　　　　　　　　　**综合单价分析表**

工程名称：某泵房　　　　　标段：工艺管道系统安装　　　　第 1 页　共 1 页

项目编码	030802001001				项目名称		$\phi219\times32$ 中压管道			计量单位	m	工程量	32

				清单综合单价组成明细									

定额编号	定额名称	定额单位	数量	单价				合价					
				人工费	材料费	机械费	管理费和利润	人工费	材料费	机械费	管理费和利润		
6-411	中压管道氩电联焊安装	10m	0.1	699.20	80.00	277.00	825.06	69.92	8.00	27.70	82.51		
6-2429	中低压管道水压试验	100m	0.01	448.00	81.3	21.00	528.64	4.48	0.81	0.21	5.29		
6-2476	管道水冲洗	100m	0.01	272.00	102.50	22.00	320.96	2.72	1.02	0.22	3.21		
人工单价		小计						77.12	9.83	28.13	91.01		
100 元/工日		未计价材料费						901.71					
清单项目综合单价								1107.8					

材料费明细	主要材料名称、规格、型号	单位	数量	单价（元）	合价（元）	暂估单价（元）	暂估合价（元）
	$\phi219\times32$ 钢管	kg	138.355	6.5	899.31	—	—
	水	m³	0.437	5.50	2.40		
	其他材料费				9.83		
	材料费小计				911.54		

Ⅲ. 电气和自动化控制工程

问题1：

1. 钢管 G25 工程量计算：

$(0.15+0.1+1+0.1+1.4-0.2)+(1.4+0.1+30+0.1+1.4)=1.55+33=35.55$（m）

2. 钢管 G32 工程量计算：

$(0.15+0.1+7+0.1+1.5)+(6-1.5-0.5)=8.85+4=12.85$（m）

3. 钢管 G50 工程量计算：

$25+17+(0.15+0.1+0.1+0.3+0.2)×2=42+1.7=43.7$（m）

4. 导线 BV2.5mm² 工程量计算：

$(1.7+0.8)×5+[(0.15+0.1+1+0.1+1.4-0.2)+(1.4+0.1+30+0.1+1.4)]×5+(0.3+0.2)×3×5$

$=12.5+172.75+7.5=192.75$（m）

5. 导线 BV16mm² 工程量计算：

$(1.7+0.8)×4+[(0.15+0.1+7+0.1+1.5)+(6-1.5-0.5)]×4+(0.5/2+0.3+0.5/2+0.3+1)×4$

$=12+51.4+8.4=71.8$（m）

6. 导线 BV50mm² 工程量计算：

$(1.7+0.8)×4×2+[25+17+(0.15+0.1+0.1+0.3+0.2)×2]×4+1×2×4=20+174.8+8=202.8$（m）

7. 角钢滑触线 L50×50×5 工程量计算：

$(7×3+1+1)×3=69$（m）

答 5-3-1 表　　　　　　分部分项工程和单价措施项目清单与计价表

序号	项目编码	项目名称	项目特征描述	计量单位	工程量	金额（元）	
						综合单价	合价
1	030404017001	配电箱	动力配电箱 AP1 落地式安装,箱体尺寸 800×1700×300（mm）（宽×高×厚）	台	1	2434.68	2434.68
2	030404018001	插座箱	插座箱嵌入式安装,箱体尺寸：300×200×150（mm）（宽×高×厚）	台	2	582.60	1165.2
3	030407001001	滑触线	角钢滑触线,L 50×50×5	m	69	23.51	1622.19
4	030606006001	电机检查接线与调试	低压交流异步电动机 20kW	台	2	153.16	306.32
5	030404036001	木质配电板	350×500×30（mm）（宽×高×厚）挂墙明装	m²	0.175	443.44	77.60
6	030404019001	控制开关	铁壳开关 HH3-100/3 木制配电板上安装	个	1	148.78	148.78
7	030411001001	配管	钢管 G25 暗配	m	35.55	15.62	555.29

续表

序号	项目编码	项目名称	项目特征描述	计量单位	工程量	综合单价	合价
						金额(元)	
8	030411001002	配管	钢管 G32 暗配	m	12.85	16.72	214.85
9	030411001003	配管	钢管 G50 暗配	m	43.7	21.17	925.13
10	030411004001	配线	管内穿线 BV2.5mm^2	m	192.75	5.44	1048.56
11	030411004002	配线	管内穿线 BV16mm^2	m	71.8	12.75	915.45
12	030411004003	配线	管内穿线 BV50mm^2	m	202.8	24.67	5003.08
合计							14417.13

问题 2:

答 5-3-2 表　　　　　　　　　　综合单价分析表

工程名称:配电房电气工程

项目编码	030404017001		项目名称		配电箱 AP1		计量单位	台	工程量	1
清单综合单价组成明细										
定额编号	定额名称	定额单位	数量	单价(元)				合价(元)		
				人工费	材料费	机械费	管理费和利润	人工费	材料费	机械费	管理费和利润
2-261	配电箱落地式安装	台	1	233.91	20.40	87.79	116.96	233.91	20.4	87.79	116.96
2-331	无端子外部接线 2.5mm^2	10 个	0.5	24.86	16.85	0	12.43	12.43	8.43	0	6.23
2-343	压铜接线端子 16mm^2 以内	10 个	0.4	28.25	122.59	0	14.13	11.3	49.04	0	5.65
2-345	压铜接线端子 70mm^2 以内	10 个	0.8	85.88	224.36	0	42.94	68.70	179.49	0	34.35
人工单价		小计						326.34	257.36	87.79	163.19
100 元/工日		未计价材料费						1600			
清单项目综合单价								2434.68			

	主要材料名称、规格、型号	单位	数量	单价(元)	合价(元)	暂估单价(元)	暂估合价(元)
材料费明细	配电箱 AP1	台	1	1600	1600		
	其他材料费				257.36		
	材料费小计				1857.36		

模拟题七答案与解析

试题一：

问题1：

拟建项目的建设投资 $= 6000 \times (30/20)^{0.6} \times (1+10\%)^2 = 9259.58$（万元）

问题2：

建设期贷款利息：$3000 \times 0.5 \times 6\% = 90$（万元）

运营期第一年期初的借款余额：$3000 + 90 = 3090$（万元）

运营期第一年应偿还的本金：$3090/3 = 1030$（万元）

运营期第一年应偿还的利息：$3090 \times 6\% = 185.40$（万元）

问题3：

运营期第一年需要偿还本金：1030 万元

固定资产折旧费：$(9000+90) \times (1-4\%)/12 = 727.20$（万元）

运营期第一年偿还贷款需要的利润：$1030 - 727.20 = 302.8$（万元）

问题4：

运营期第一年应纳增值税：$68 \times 80\% - 19 \times 80\% = 39.20$（万元）

运营期第一年增值税附加：$39.20 \times 9\% = 3.53$（万元）

运营期第一年利润总额：

$(850-68) \times 80\% - \{(280-19) \times 80\% + 727.20 + 185.40 + 3.53\} = -499.33$（万元）

运营期第一年所得税：0

运营期第一年现金流入：$850 \times 80\% = 680$（万元）

运营期第一年现金流出：$280 \times 80\% + 1030 + 185.40 + 280 + 39.2 + 3.53 = 1762.13$（万元）

运营期第一年净现金流量：$680 - 1762.13 = -1082.13$（万元）

试题二：

问题1：

（1）"要求潜在投标人必须取得本省颁发的《建设工程投标许可证》"不妥。依法必须进行招标的项目以特定行政区域或者特定行业的业绩、奖项作为加分条件或者中标条件的属于以不合理条件限制、排斥潜在投标人或者投标人。

（2）要求投标必须是国有企业不妥。依法必须进行招标的项目非法限定潜在投标人或者投标人的所有制形式或者组织形式属于招标人以不合理的条件限制、排斥潜在投标人或者投标人的行为。

问题 2：

该投标人运用了不平衡报价法，将属于前期的基础工程和主体结构工程的单价调高，而将属于后期工程的装饰工程的单价调低，可以在施工的早期阶段收到较多的工程款，从而可以提高所得工程款的现值；而且这三类工程单价的调整幅度均在 10% 以内，属于合理范围。

以竣工时点进行折现，$F = A_1(F/A,1\%,6)(F/P,1\%,18) + A_2(F/A,1\%,12)(F/P,1\%,6) + A_3(F/A,1\%,6)$

调价前：

$$F = \frac{1100}{6} \times \frac{(1+1\%)^6-1}{1\%} \times (1+1\%)^{18} + \frac{4560}{12} \times \frac{(1+1\%)^{12}-1}{1\%} \times (1+1\%)^6 + \frac{3340}{6} \times \frac{(1+1\%)^6-1}{1\%} =$$

9889.56（万元）

调价后：

$$F = \frac{1200}{6} \times \frac{(1+1\%)^6-1}{1\%} \times (1+1\%)^{18} + \frac{4800}{12} \times \frac{(1+1\%)^{12}-1}{1\%} \times (1+1\%)^6 + \frac{3000}{6} \times \frac{(1+1\%)^6-1}{1\%} =$$

9932.84（万元）

结论：采用了不平衡报价法后，终值增加了 = 9932.84 − 9889.56 = 43.28（万元）

问题 3：

投标人 B 运用了多方案报价法，该方法运用不当，因为运用该报价技巧时，必须对原方案（本案例指业主的工期要求）进行报价，而该承包商在投标时仅说明了该工期要求难以实现，却并未报出相应的投标价。即该投标人没有对原招标文件做出实质性的响应，标书为废标。

问题 4：

投标人 C 运用了突然降价法，该方法运用得当，若提前时间太多，会引起竞争对手的怀疑，而在开标前 1 小时突然递交一份补充文件，这时竞争对手已不可能再调整报价了。

"招标单位的有关工作人员拒收承包商的补充材料"不妥，因为承包商在投标截止时间之前所递交的任何正式书面文件都是有效文件，都是投标文件的有效组成部分，也就是说，补充文件与原投标文件共同构成一份投标文件，而不是两份相互独立的投标文件。

问题 5：

评标委员会主任只安排评标专家 B 参加第二阶段评标的做法不妥。招标人更换评标委员会成员的，被更换的成员已做出的评审结论无效，由更换后的成员重新进行评审。

试题三：

问题 1：

事件 1：能够提出工期索赔，因为施工过程 A 没有机动时间，强降雨属于不可抗力，属于业主应承担的风险。能够提出费用索赔，根据不可抗力的处理原则，雨后清理基坑的费用应由业主承担；但模板和脚手架损坏修理费以及停工期间人员窝工和机械闲置损失应由承包商自己承担。

事件2：能够提出工期索赔，因为施工过程B的第1施工段没有机动时间，业主供应材料晚进场属于业主应承担的责任。能够提出费用索赔，业主供应材料晚进场属于业主应承担的责任，给承包商造成的人和机械窝工费用损失应由业主承担。

事件3：不能够提出工期和费用索赔，因为施工机械故障是承包商的责任，造成的费用损失应由承包商自己承担。

事件4：能够提出费用索赔，监理工程师要求重新检验的，查验结果合格，造成的费用损失由业主承担，但不能提出工期索赔，因为拖延的2天没有超过施工过程D第1段2天的机动时间。

问题2：

施工过程D第3段实际开工日期为第88天晨。

问题3：

事件1：工期索赔5天

事件2：工期索赔8-5=3（天）

事件3：工期索赔0天

事件4：工期索赔0天

总计工期索赔：8（天）

该工程实际工期为：91+8+2=101（天）

工期罚款为：［101-（91+8）］×1000=2000（元）

问题4：

事件1：5×2×100×1.35×（1+8%）×（1+9%）=1589.22（元）

事件2：（15×3×50×1.1+150×3）×1.08×1.09=3443.31（元）

事件4：（2×2×100×1.35+8×2×50×1.1+200×2+1000）×1.08×1.09=3319.70（元）

总额为：1589.22+3443.31+3319.70=8352.23（元）

试题四：

问题1：

合同价=（76.6+9+12）×（1+10%）=107.360（万元）

预付款=76.6×（1+10%）×20%=16.852（万元）

开工前支付的措施项目款=3×（1+10%）×85%=2.805（万元）

问题2：

1.甲种材料价格为85元/m^3，甲增加C分项工程费=500×（85-80）×（1+15%）=2875（元）

由于（50-40）/40=25%>5%，乙增加C分项工程费=400×40×20%×（1+15%）=3680（元）

C分项工程的综合单价=280+（2875+3680）/1000=286.555（元/m^3）

2.3月份完成的分部和单价措施费=32.4/3+1000/3×286.555/10000=20.352（万元）

3.3月份业主应支付的工程款=20.352×（1+10%）×85%+（9-3）/3×（1+10%）×85%-16.852/2=12.473（万元）

问题 3：

第三月末分项工程和单价措施项目：

累计拟完工程计划费用 = 10.8+32.4+28×2/3 = 61.867（万元）

累计已完工程计划费用 = 10.8+32.4×2/3+28×2/3 = 51.067（万元）

累计已完工程实际费用 = 10.8+32.4×2/3+1000×2/3×286.555/10000 = 51.504（万元）

进度偏差 = 累计已完工程计划投资-累计拟完工程计划投资 = (51.067-61.867)×1.1 = -11.880（万元），实际进度拖后 11.88 万元。

投资偏差 = 累计已完工程计划投资-累计已完工程实际投资 = (51.067-51.504)×1.1 = -0.4807（万元），实际费用增加 0.4807 万元。

问题 4：

工程实际造价 = (76.6+9+8.7)×(1+10%)+2.64 = 106.370（万元）

竣工结算价 = 106.370×(1-85%)-106.370×3% = 12.764（万元）

试题五：

Ⅰ．土木建筑工程

问题 1：

答 5-1-1 表　　　　　　　　　　　工程量计算表

序号	项目名称	单位	数量	计算过程
1	平整场地	m²	631.12	详见后附的原始计算式
2	挖基坑土方	m³	359.09	
3	混凝土独立基础	m³	84.95	
4	混凝土矩形柱（框架柱）	m³	98.67	
5	混凝土矩形梁（二层③轴上 KL2）	m³	4.31	
6	梁模板（二层③轴上 KL2）	m²	26.30	
7	现浇混凝土板（二层①~②与 A~B 轴之间的楼板）	m³	6.96	
8	板模板（二层①~②与 A~B 轴之间的楼板）	m²	60.22	

（1）平整场地：(39+0.1×2)×(15.9+0.1×2) = 631.12（m²）

（2）挖基坑土方：J-1 垫层的面积　2.9×2.9×2 = 16.82（m²）

　　　　　　　　　J-2 垫层的面积　3.5×3.5×6 = 73.5（m²）

　　　　　　　　　J-3 垫层的面积　2.7×2.7×2 = 14.58（m²）

　　　　　　　　　J-4 垫层的面积　3.7×3.7×1 = 13.69（m²）

　　　　　　　　　J-5 垫层的面积　4.4×4.4×3 = 58.08（m²）

　　　　　　　　　J-6 垫层的面积　3.2×3.2×4 = 40.96（m²）

Σ = (16.82+73.5+14.58+13.69+58.08+40.96)×(2.1-0.45)

　 = 217.63×1.65

　 = 359.09（m³）

（3）独立基础混凝土量：

J-1　$(2.7×2.7×0.3+1.6×1.6×0.3)×2=5.91$

J-2　$(3.3×3.3×0.3+1.9×1.9×0.3)×6=26.1$

J-3　$(2.5×2.5×0.3+1.5×1.5×0.3)×2=5.10$

J-4　$(3.5×3.5×0.3+2×2×0.35)×1=5.075$

J-5　$(4.2×4.2×0.4+2.4×2.4×0.4)×3=28.08$

J-6　$(3×3×0.3+1.8×1.8×0.3)×4=14.688$

$\Sigma=(5.91+26.1+5.10+5.075+28.08+14.688)=84.95$（$m^3$）

（4）柱混凝土量：

KZ1　$0.6×0.6×(14.95+1.4)×2=11.772$

KZ2　$0.6×0.6×(14.95+1.4)×6+0.6×0.6×(14.95+1.2)×3=52.758$

KZ3　$0.55×0.55×(14.95+1.4)×2=9.892$

KZ4　$0.55×0.55×(14.95+1.4)×4=19.784$

KZ5　$0.6×0.6×(11.05+1.35)×1=4.464$

合计 $=11.772+52.758+9.892+19.784+4.464=98.67$（$m^3$）

（5）二层③轴上 KL2 的现浇混凝土量：

$(6.9-0.45-0.5)×0.35×0.7+(9-0.5-0.1)×0.35×0.9+(1.6-0.1)×0.35×0.4=$
$15.85×0.35×0.9=4.31$（m^3）

（6）二层③轴上 KL2 的模板工程量

B～C轴：$(6.9-0.45-0.5)×(0.7-0.12)×2+(6.9-0.45-0.5)×0.35=8.985$（$m^2$）

走廊板处（100mm 厚）：

$[(2.1-0.1+0.25/2)×(0.9-0.1)-0.25×(0.75-0.1)]×2+(2.1-0.1+0.25/2)×0.35=$
3.819（m^2）

A轴以上 6.9m 范围内：

$(6.9-0.25/2-0.5)×(0.9-0.12)×2+(6.9-0.25/2-0.5)×0.35=11.985$（$m^2$）

A轴以外悬挑处：

$(1.6-0.1)×0.4+(1.6-0.1-0.2)×(0.4-0.1)+(1.6-0.1)×0.35=1.515$（$m^2$）

合计：$8.985+3.819+11.985+1.515=26.30$（$m^2$）

（7）

①～②轴与 A～B 轴所围成的板混凝土量：

$(7.8-0.35/2-0.25)×(2.1-0.1-0.25/2)×0.1+$

$(3.9-0.25-0.25/2)×(6.9-0.25/2-0.25)×0.12+$

$(3.9-0.25/2-0.35/2)×(6.9-0.25/2-0.25)×0.12$

$=13.828×0.1+23×0.12+23.49×0.12$

$=6.96$（m^3）

（8）①～②轴与 A～B 轴所围成的楼板模板量：

（9）中的面积数据扣除其中的柱所占的面积：

$13.828+23+23.49-0.25×0.25-0.25×0.25/2=60.22$（$m^2$）

问题2：

综合单价计算过程

人工费 $=(9.94×96+11.63)/10=96.59$（元/m³）

材料费 $=(10.15×420+9.91×7.8+10.99×2+90.75)/10=445.30$（元/m³）

机械费 $=7.12/10=0.71$（元/m³）

人+材+机 $=96.59+445.30+0.71=542.60$（元/m³）

综合单价 $=540.6×(1+12\%+7\%)=645.70$（元/m³）

问题3：

现浇板混凝土清单量＝方案量＝270m³

现浇板的模板工程量＝2700m²

模板的综合单价 $=(2388.82+3435.27+291.52)/100×(1+12\%+7\%)=72.78$（元/m²）

含模板的混凝土综合单价 $=(2700×72.78+270×645.70)/270=1373.50$（元/m³）

题 5-1-2 表　　　　　　现浇板综合单价分析表

项目编码	010505001001		项目名称		现浇板		计量单位	m³	工程量	270
清单综合单价组成明细										
定额编号	定额名称	定额单位	数量	单价（元）				合价（元）			
				人工费	材料费	施工机具使用费	管理费和利润	人工费	材料费	施工机具使用费	管理费和利润
4-40	混凝土	10m³	0.1	965.87	4453.03	7.12	1030.94	96.59	445.3	0.71	103.1
13-37	模板	100m²	0.1	2388.82	3435.27	291.52	1161.97	238.88	343.53	29.15	116.20
人工单价			小计					335.47	788.83	29.86	219.3
96 元/工日			未计价材料费（元）								
清单项目综合单价（元/m³）								1373.46			
	主要材料名称、规格、型号				单位	数量	单价（元）	合价（元）	暂估单价（元）	暂估合价（元）	
	预拌混凝土 C30				m³	1.015	420	426.3			
	草袋				m²	1.099	2	2.20			
	其他材料费（元）							360.33			
	材料费小计（元）							788.83			

问题4：

（1）安全文明施工费：$4000000.00×3.5\%=140000.00$（元）

（2）措施项目费：$300000.00+140000.00=440000.00$（元）

（3）人工费：$4000000.00×8\%+440000.00×15\%=386000.00$（元）

（4）总承包服务费：$110000.00×5\%=5500.00$（元）

（5）计日工：10×200+[2×350/（1+3%）+5×600]×（1+20%）= 6415.53（元）

（6）规费：386000.00×21% = 81060.00（元）

（7）增值税：（4000000.00+440000.00+110000.00+5500.00+6415.53+81060.00）× 9% = 417867.80（元）

答 5-1-3 表　　　　　　　　　　投标报价汇总表

序号	汇总内容	金额(元)	其中暂估价(元)
1	分部分项工程	4000000.00	
2	措施项目	440000.00	
2.1	其中:安全文明措施费	140000.00	
3	其他项目费	121915.53	
3.1	其中:专业工程暂估价	110000.00	
3.2	其中:总承包服务费	5500.00	
3.3	其中:计日工	6415.53	
4	规费(人工费21%)	81060.00	
5	增值税9%	417867.80	
投标报价合计 = 1+2+3+4+5		5060843.33	

Ⅱ. 管道和设备工程

问题 1：

1. 管道：

（1）φ325×7 碳钢无缝钢管的工程量计算式：

地上：（0.3+0.15）×2 = 0.9（m）

（2）φ273×7 碳钢无缝钢管的工程量计算式：

地上：（0.5+0.3）×2+0.8+0.3+0.5+0.5+0.8+0.2+0.8 = 5.5（m）

地下：0.5+1.05+0.5 = 2.05（m）

共计：5.5+2.05 = 7.55（m）

（3）φ219×6 碳钢无缝钢管的工程量计算式：

地上：（0.3+0.15+0.5+1.7-0.5）×2+0.6+（2.1-1.7）+（0.3+0.3+1.05+0.8+0.2）+
　　　（0.65+0.8+0.2）+（2.1-0.8）= 10.9（m）

2. 无损探伤：

（1）φ273×7 管线的地下管段 X 射线探伤工程量计算式：

0.273×3.14÷（0.15-0.025×2）= 8.58（张），取 9 张、4 个焊口的胶片数合计 4×9 = 36（张）

（2）φ273×7 管线的法兰有 7 片，超声波探伤为 7 口。

（3）φ219×6 管线的法兰有 9 片，超声波探伤为 9 口。

3.防腐蚀：

（1）地上管道：$3.14×(0.325×0.9+0.273×5.5+0.219×10.9)=13.13$（$m^2$）

（2）地下管道：$3.14×0.273×2.05=1.76$（m^2）

问题2：

答5-2-1表　　　　　　　　**分部分项工程和单价措施项目清单计价表**

工程名称：某泵房工艺管道　　　　　　　　　　标段：泵房管道安装

序号	项目编码	项目名称	项目特征描述	计量单位	工程量	金额(元)		
						综合单价	合价	其中：暂估价
1	030801001001	低压碳钢管	$\phi325×7$碳钢无缝钢管、氩电联焊、水压试验、水冲洗	m	1			
2	030801001002	低压碳钢管	$\phi273×7$碳钢无缝钢管、氩电联焊、水压试验、水冲洗	m	6.5			
3	030802001001	中压碳钢管	$\phi219×6$碳钢无缝钢管、氩电联焊、水压试验、水冲洗	m	10			
4	030807003001	低压法兰阀门	$DN250$法兰闸阀Z41H-16C	个	3			
5	030808003001	中压法兰阀门	$DN200$法兰止回阀H44H-25C	个	1			
6	030808003002	中压法兰阀门	$DN200$法兰闸阀Z41H-25C	个	3			
7	030804001001	低压碳钢管件	$DN300×250$异径管，焊接连接	个	2			
8	030804001002	低压碳钢管件	$DN250$弯头	个	6			
9	030804001003	低压碳钢管件	$DN250×250$三通	个	1			
10	030805001001	中压碳钢管件	$DN200$弯头	个	6			
11	030805001002	中压碳钢管件	$DN200×200$三通	个	1			
12	030810002001	低压碳钢焊接法兰	$DN250$平焊法兰	片	7			
13	030811002001	中压碳钢焊接法兰	$DN200$对焊法兰	片	9			
14	031202002001	管道防腐蚀	地上管道外壁喷砂除锈，环氧漆三遍防腐	m^2	13.13			
15	031202008001	埋地管道防腐蚀	埋地管道外壁机械除锈，生漆两遍防腐	m^2	1.76			
16	030816003001	焊缝X射线探伤	$\phi273×7$	张	36			
17	030816005001	焊缝超声波探伤	$\phi273×7$	口	7			
18	030816005001	焊缝超声波探伤	$\phi219×6$	口	9			

问题3：

答 5-2-2 表　　　　　　　　　　工程量清单综合单价分析表

工程名称：泵房　　　　　　　　　　　　　　　　　　　　　　标段：工艺管道安装

项目编码	031202002001		项目名称		φ219×6 地上管道防腐		计量单位		m²
清单综合单价组成明细									
定额编号	定额名称	定额单位	数量	单价				合价	

定额编号	定额名称	定额单位	数量	人工费	材料费	机械费	管理费和利润	人工费	材料费	机械费	管理费和利润
11-7	管道喷砂除锈	10m²	0.1	241.82	213.56	221.50	241.82	24.18	21.36	22.15	24.18
11-719	环氧漆两遍	10m²	0.1	159.33	121.27	0	159.33	15.93	12.13	0	15.93
11-720	环氧漆增一遍	10m²	0.1	79.10	51.98	0	79.10	7.90	5.20	0	7.90
人工单价				小计				48.01	38.69	22.15	48.01
120 元/工日				未计价材料费				156.86			
清单项目综合单价											

材料费明细	主要材料名称、规格、型号		单位	数量	单价（元）	合价（元）	暂估单价（元）	暂估合价（元）
	其他材料费					38.69	—	
	材料费小计					38.69	—	

Ⅲ. 电气和自动化控制工程

问题1：

1. PC20 管：

照明回路 WL1：$(4+0.05-1.5-0.8)+1.88+0.7+(4+0.05-1.3)+1.43+3.6×4+3.1×7+(2.4+4+0.05+0.3-3.5-0.05)+1.95+(4+0.05-1.3)=52.51$（m）

插座回路：$[0.5+0.05+2.93+(0.05+0.3)×2+3.45+(0.05+0.3)]=7.98$（m）

PC20 管小计：$52.51+7.98=60.49$（m）

2. PC40 管：

WP1 回路：$(1.5+0.05)+12.6+(0.5+0.05)=14.70$（m）

插座箱到动力插座：$(0.5+0.05+4.45+0.05+1.4)=6.45$（m）

PC40 管小计：$14.70+6.45=21.15$（m）

3. 管内穿 2.5mm² 线：

三线：$(0.6+0.8)×3+[(4+0.05-1.5-0.8)+1.88+1.43+3.6×2+3.1×4+((2.4+4+0.05+0.3-3.5-0.05))]×3=87.78$（m）

四线：$(3.6×2+3.1×3)×4=66$（m）

五线：$[0.7+(4+0.05-1.3)+1.95+(4+0.05-1.3)]×5=40.75$（m）

管内穿 $2.5mm^2$ 线合计：$87.78+66+40.75=194.53$（m）

4. 管内穿 $16mm^2$ 线：

$(0.6+0.8)×5+[(1.5+0.05)+12.6+(0.5+0.05)]×5+(0.3+0.3)×5=83.50$（m）

$(0.3+0.3)×3×2+[0.5+0.05+2.93+(0.05+0.3)×2+3.45+(0.05+0.3)]×3+(0.5+0.05+4.45+0.05+1.4)×3=3.6+7.98×3+6.45×3=46.89$（m）

管内穿 $16mm^2$ 线合计：$83.50+46.89=130.39$（m）

答 5-3-1 表　　　　　分部分项工程和单价措施项目清单与计价表

序号	项目编码	项目名称	项目特征描述	计量单位	工程量	综合单价	合价	其中：暂估价
1	030404017001	配电箱	照明配电箱 AL 嵌入式安装；箱体尺寸：600×800×200（mm）	台	1	4297.73	4297.73	
2	030404018001	插座箱	插座箱 AX 嵌入式安装；箱体尺寸：300×300×120（mm）	台	1	698.08	698.08	
3	030411001001	配管	PC20 刚性阻燃管，沿砖、混凝土结构暗配	m	60.49	11.28	682.33	
4	030411001002	配管	PC40 刚性阻燃管，沿砖、混凝土结构暗配	m	21.15	17.39	367.80	
5	030411004001	配线	管内穿线 BV 2.5mm²	m	194.53	3.53	686.96	
6	030411004002	配线	管内穿线 BV 16mm²	m	130.39	13.55	1766.78	
7	030404034001	照明开关	四联单控暗开关	个	2	27.30	54.60	
8	030412005001	荧光灯	单管荧光灯，吸顶安装	套	8	144.94	1159.52	
9	030412005002	荧光灯	双管荧光灯，吸顶安装	套	4	211.30	845.20	
10	030412001001	普通灯具	吸顶安装	套	2	124.98	249.96	
11	030404035001	插座	插座 220V/16A	个	2	112.59	225.18	
12	030404035002	插座	动力插座 380V/16A	个	1	152.96	152.96	
合计							11219.04	

问题2：

答 5-3-2 表   **综合单价分析表**

工程名称：配电房电气工程

项目编码	030404017001	项目名称	总照明配电箱 AL	计量单位	台	工程量	1
清单综合单价组成明细							

定额编号	定额名称	定额单位	数量	单价(元)				合价(元)			
				人工费	材料费	机械费	管理费和利润	人工费	材料费	机械费	管理费和利润
4-2-77	成套配电箱安装嵌入式半周长≤1.5m	台	1	131.5	37.9	0	78.9	131.5	37.9	0	78.9
4-1-14	无端子外部接线导线截面≤2.5mm²	个	3	1.2	1.44	0	0.72	3.6	4.32	0	2.16
4-4-26	压铜接线端子导线截面≤16mm²	个	5	2.5	3.87	0	1.5	12.5	19.35	0	7.5
人工单价		小计						147.6	61.57	0	88.56
100 元/工日		未计价材料费						4000			
清单项目综合单价									4297.73		

材料费明细	主要材料名称、规格、型号	单位	数量	单价(元)	合价(元)	暂估单价(元)	暂估合价(元)
	总照明配电箱 AL	台	1	4000	4000		
	其他材料费					61.57		
	材料费小计					4061.57